Python 計算機科学新教本

新定番問題を解決する探索アルゴリズム、k平均法、ニューラルネットワーク

David Kopec　著

黒川 利明　訳

O'REILLY®
オライリー・ジャパン

Classic Computer Science Problems in Python

DAVID KOPEC

MANNING

SHELTER ISLAND

生涯に渡って教師であり学習者であった祖母 Erminia Antos に捧ぐ

日本語版へのまえがき

　2年前にManning社で、この「Classic Computer Science Problems」（クラシックなコンピュータサイエンス問題）シリーズを開始したのですが、数千人の読者からコンピュータサイエンスの問題解決技法を簡潔にコード中心に教えるこの方式にお褒めの言葉を頂いています。さまざまなバックグラウンドを持った多くの読者に本書が役立っているのを著者として幸せに感じます。このシリーズでは、読みやすいだけでなく広範囲の話題を取り上げることに主眼を置いています。すべての読者にとって本当に役立つ内容です。

　Pythonを取り上げた本書が日本の読者のために翻訳されたのを著者として名誉に感じています。残念ながら私は日本語は話せないのですが、翻訳者の黒川利明氏とオライリー・ジャパンのスタッフのおかげで、日本の読者にも役立つことは間違いないと確信しています。太平洋を越えての黒川氏とのやり取りで、詳細にまで気を配って頂いているのがよくわかりました。オライリー社のコンピュータ書籍というブランドに私の本が含まれることを大変誇らしく思います。

　原書の英語読者と同様に日本の読者に本書が役立つことを願ってやみません。私のTwitterアカウント（@davekopec）にぜひご感想をお寄せください。みなさんがたのご意見を楽しみにしております。

David Kopec

謝　辞

Manning 社の関係者全員、Cheryl Weisman、Deirdre Hiam、Katie Tennant、Dottie Marsico、Janet Vail、Barbara Mirecki、Aleksandar Dragosavljević、Mary Piergies、Marija Tudor にまず感謝します。

『Classic Computer Science Problems in Swift』の執筆完了後、Python を賢明にも選んでくれた企画担当の Brian Sawyer には特に感謝しています。構成担当の Jennifer Stout は、常にポジティブに処理してくれました。技術編集の Frances Buontempo は、各章を細かく検討し、詳細にわたって有用なフィードバックをくれました。編集担当の Andy Carroll は、Swift 版のときも今回も細かくチェックして、校正担当の Juan Rufes とともに、私の間違いをいくつも指摘してくれました。

Al Krinker、Al Pezewski、Alan Bogusiewicz、Brian Canada、Craig Henderson、Daniel Kenney-Jung、Edmond Sesay、Ewa Baranowska、Gary Barnhart、Geoff Clark、James Watson、Jeffrey Lim、Jens Christian、Bredahl Madsen、Juan Jimenez、Juan Rufes、Matt Lemke、Mayur Patil、Michael Bright、Roberto Casadei、Sam Zaydel、Thorsten Weber、Tom Jeffries、Will Lopez は本書をレビューしてくれました。本書執筆中に、建設的な意見や具体的な批判をくださったすべての人に感謝します。みなさんのフィードバックが本書に反映されています。

『Classic Computer Science Problems in Swift』の出版に続き、本書に取り掛かった私を励ましてくれた家族、友人、同僚に感謝します。Twitter などで励ましの言葉とともに本書を多かれ少なかれ推薦してくれたオンラインフレンドに感謝します。妻の Rebecca Kopec と母の Sylvia Kopec は私の活動を常に支えてくれました。

本書は比較的短時間で書き上げました。草稿の大半は、Swift 版に基づいて 2018

年夏に書きました。Manning 社が（通常はもっと時間のかかる）プロセスを短縮して私のスケジュールに合わせてくれて助かりました。3ヶ月ほどの間にさまざまなレベルのさまざまな人で3回のレビューをこなすのは、本書の編集チームにとってはかなりプレッシャーのあることでした。伝統的な出版社で、技術的な書籍がいかに多くのレビューを受けるか、いかに多くの人が査読と校正に関わるかを知ったら、ほとんどの読者はびっくりするはずです。技術校正担当者、編集担当者、査読選定担当者、公式レビューア、さらにその間のすべての人に改めて感謝を捧げます。

　最後に、最も重要な人、本書を買ってくださった読者のみなさんに感謝します。中途半端なオンラインチュートリアルであふれた現在のような状況では、著者の肉声が全体に行き渡った本を作ることが大事だと思います。オンラインチュートリアルは優れていますが、本書のような十分な吟味を経て作られたそれなりの厚みのある書籍は、コンピュータサイエンス教育において、依然として然るべき地位を占めるものです。

はじめに

　本書を手に取ってくれてありがたく思います。Python は世界中で使われているプログラミング言語です。Python プログラマになった人のバックグラウンドはさまざまです。正規のコンピュータサイエンス教育を受けた人もいれば、余暇の趣味として始めた人もいます。仕事で Python を使っている人もいますが、その職務自体はソフトウェア開発ではないという人も多いでしょう。経験を積んだプログラマは、入門書と高度な専門書の中間に位置する本書に掲載されている問題から、コンピュータサイエンスを学んだ頃のことがらを再度復習し、Python の高度な機能を学ぶことができるでしょう。独学でプログラミングを学んだプログラマなら、選んだ言語（この場合は Python）で定番の問題を学ぶことで、コンピュータサイエンスの知識を得ることができます。本書では、問題解決技法を幅広く学ぶので、誰にとっても本当に役立つことが何かしらあるはずです。

　本書は、Python の入門書ではありません†。優れた入門書が、多くの出版社から出されています。本書では、読者が Python の上級または中級者と仮定しています。本書は Python 3.7 を前提にしていますが、最新版の Python すべてを理解している必要はありません。実のところ本書の内容は、読者が最新版の Python をマスターするために役立つ教材となるでしょう。つまり、まったくの初心者には不向きです。

---

† 　原注：Python の初心者なら、本書の前に Naomi Ceder『The Quick Python Book, 3rd Edition』Manning、2018（第 1 版の日本語訳は『空飛ぶ Python 即時開発指南書』翔泳社、2013）を読むことをお勧めする。

なぜ Python か

Python は、データサイエンス、映画製作、コンピュータサイエンス教育、IT マネジメントと幅広い領域で使われています。（おそらくカーネル開発を除いて）Python が使われないコンピュータ関連分野などないのではないでしょうか。Python が愛されるのは、その柔軟性、美しくて簡潔な構文、オブジェクト指向の純粋性、そしてコミュニティの活発さによるものです。強固なコミュニティは、Python が新たな参加者を歓迎し、開発者が利用できるライブラリの巨大なエコシステムがあることを意味するので重要です。

上の理由から、Python は初心者に優しい言語だと思われることがあります。それは間違いではないでしょう。例えば、C++ よりも確かに Python は習得が容易で、コミュニティは初心者にも親切です。よって、多くの人が、取り掛かりやすいからとPython を学び、すぐに書きたいと思っていたプログラムを書き始めます。しかし、こういった人は、正規のコンピュータサイエンスの教育を受けていないので、そういった課程で学べるはずの強力な問題解決技法に触れる機会がありません。本書を手に取っているあなたがそのような、Python は知っているけれどコンピュータサイエンスは知らないというプログラマなら、本書はまさに最適です。

ソフトウェア開発に長らく従事していて、Python が第2、第3、あるいは第5の言語だという人もおられることでしょう。そういった人にとっては、他の言語ですでに知っている問題を扱うことで、Python の学習がより迅速に進むと期待できます。さらに、そういった人のうちで、Python を使った新たな仕事の面接を控えている人にとっては、本書を読んでおけば良い予習になるでしょうし、そうでない人にとっても、業務で考えたことのなかった問題解決技法を使う良い機会になります。そういうプログラマの方には、目次をざっと眺めて、これはと思うトピックがあるかどうか調べることをお勧めします。

クラシックなコンピュータサイエンス問題とはどんなものか

コンピュータサイエンスに対するコンピュータは、天文学に対する望遠鏡のようなものだと言われます。そうだとすると、プログラミング言語は望遠鏡のレンズに対応するでしょうか。とにかく、本書での「クラシックなコンピュータサイエンス問題」は「コンピュータサイエンス学科の学部生が学ぶ定番の問題」です。

新たにプログラマになった人たちに出される、大学のコンピュータサイエンス学科

やソフトウェア工学科の学士課程の中で、あるいは、AIやアルゴリズムの入門書の
ような中級のプログラミング教科書などでよく取り上げられる古典的と言ってもよい
典型的なプログラミング問題があります。本書は、そのような問題を選び出したもの
です。

　問題の範囲は、数行で解答が書ける簡単なものから、複数章にまたがってシステム
構築が必要な複雑なものにまで及びます。人工知能の問題もあれば、常識を働かせて
解く問題もあります。実用的な問題もあれば、興味本位の問題もあります。

本書の内容

　1章は問題解決技法の導入部で、多くの読者にとっては定番と言えるものでしょう。
ここで登場する再帰、メモ化、ビット処理は後の章で使われる基本部品になります。

　導入部の次の2章では探索問題を扱います。探索は広大なテーマで、本書の問題の
多くが探索に関係します。2章では、二分探索、深さ優先探索、幅優先探索、A* 探
索などの基本的な探索アルゴリズムを学びます。こういったアルゴリズムを本書では
何度も使います。

　3章では抽象的には有限領域の変数間の制約で定義される広範囲の問題を扱いま
す。この種の問題には、有名な8クイーン問題、オーストラリアの地図の塗り分け問題、
SEND + MORE = MONEY という覆面算などがあります。

　4章ではグラフアルゴリズムの世界を探検します。初めて学ぶ人は、その応用範囲
の広さに驚くことと思います。この章では、グラフのデータ構造を構築し、それを使っ
て代表的な最適化問題を解きます。

　5章では遺伝的アルゴリズムを学びます。これは本書にある多くのアルゴリズムと
異なり非決定的で、通常の決定的アルゴリズムでは許容できる時間内に答えが得られ
ない問題をも解くことができます。

　6章はk平均クラスタリングを扱います。本書の中でも特殊なアルゴリズムです。
kクラスタリングは、実装が簡単で理解しやすく、広く応用できます。

　7章ではニューラルネットワークとは何かを説明します。単純なニューラルネット
ワークがどんなものかは理解してもらえると思いますが、このエキサイティングで開
発途上の領域すべてをカバーするものではありません。この章では外部ライブラリ
を使わず、基本原則からニューラルネットワークを構成するので、ニューラルネット
ワークがどのように動作するかが実際にわかります。

8章は、2プレイヤー完全情報ゲームで敵対探索を学びます。ミニマックスという探索アルゴリズムを使って、チェス、チェッカー、コネクトフォーのようなゲームのプレイヤーを作ります。

最後の9章では、これまでの章に収まらなかった興味深く面白い問題を取り上げます。

本書の想定読者

本書は中級の経験のあるプログラマを対象にしています。Python の知識を深めたい経験のあるプログラマなら、コンピュータサイエンスやプログラミングの教育でなじみのある問題を見て安心すると思います。中級プログラマは、Python でこれらの典型的な問題を解くことになります。コーディングの面接を受ける予定のある開発者なら、本書が予習に役立ちます。

仕事以外では、Python に興味を持っているコンピュータサイエンス学科の学生に本書が役立つでしょう。本書はデータ構造とアルゴリズムについての入門書ではありません。教科書ならあるはずの証明や計算量の O 記法を含んでいません。データ構造、アルゴリズム、AI のクラスが最終的に狙う問題解決技法をハンズオン・チュートリアルを備えて学びやすくした本と言えるでしょう。

すでに述べたように、本書は Python のシンタックス（構文）とセマンティクスの基本知識を前提にしています。プログラミングの経験がまったくない人にはふさわしくありません。Python の経験がないプログラマも苦労するでしょう。言い換えると、本書は Python プログラマや学生のための本です。

Python のバージョン、ソースコードリポジトリ、型ヒント

本書のソースコードは、Python バージョン 3.7 に従っています。本書では、Python 3.7 にしかない機能を使っているので、古い Python では動かないコードがあります。古いバージョンで動かすために努力するよりも、新しい Python をダウンロードすることを勧めます。

（2章での typing_extensions モジュールのインストールを除けば）Python の標準ライブラリしか使っていませんので、（macOS、Windows、GNU/Linux など）Python をサポートするどのプラットフォームでも本書のコードは動くはずです。本書のコードは CPython（python.org から入手できる標準的なインタープリタ）のみ

でテストしましたが、Python 3.7 対応の他のインタープリタでも動くはずです。

　エディタ、IDE、デバッガ、Python REPL のような Python ツールの使い方は本書では説明しません。本書のソースコードは、すべて https://github.com/davecom/ClassicComputerScienceProblemsInPython からダウンロードできます†。ソースコードは章ごとにフォルダに整理されています。本文の各章のコード例には該当するソースファイル名を示してありますので、リポジトリのフォルダから対応するソースファイルを探しやすいでしょう。Python 3 インタープリタの構成によりますが、プログラムは「python3 filename.py」（macOS）や「python filename.py」（Windows）で実行できます。

　本書のコードはすべて、Python の「型アノテーション」とも呼ばれる型ヒントを使います。このアノテーションは Python 言語の新機能で、これを使ったことのない Python プログラマには敷居が高いかもしれません。型ヒントを使う理由は次の通りです。

1. 変数、関数の引数、関数の戻り値の型を明確にする。
2. 理由 1 の結果としてコードの自己文書化ができる。コメントや docstring を探さなくても、シグネチャ‡を見るだけで関数の戻り値の型がわかる。
3. これにより、mypy のような型チェッカーでコードの正当性の型チェックができる。

　すべての人が型ヒントを愛用するわけではないため、本書で型ヒントを使うべきかは迷いました。しかし、型ヒントは邪魔にはならず、役に立つはずです。型ヒントを付けて Python を書くのに少し時間を掛けるだけで、読み返したときにより明晰となります。重要なことは、型ヒントは Python インタープリタの実行時間には影響しないことです。またコードから型ヒントを取り除いても実行に問題はありません。型ヒントを見たことがなく、詳細を知りたければ、簡単に紹介している付録 C をまず読んでください。

---

† 訳注：本文は必ずしも対応しない。例えば**例 8-9** は GitHub にない。
‡ 訳注：一般に関数名、引数型、戻り値の型の組を指す。

グラフィックスや UI はなく、標準ライブラリだけ

本書では、グラフィックスの出力やグラフィックユーザインタフェース（GUI）を使う問題はありません。その理由は、できるだけ簡潔で読みやすい解法を示すことが目標だからです。グラフィックスが入ると、問題になっている技法やアルゴリズムを説明するだけの場合よりも解のコードが大幅に複雑になるからです。

さらに、GUI を使わないことで、本書のコードの可搬性が高まります。Linux で動く組み込み版の Python でも Windows 版の Python でも動きます。また、ほとんどの上級者向け Python 書籍で利用する外部ライブラリを使わず、Python 標準ライブラリのパッケージだけを使うよう意図的に決めました。その理由は、本書の目標が「pip install a solution」ではなく、問題解決技法を原則から教えることだからです。問題を他に頼らず解くことで、標準ライブラリが陰で役に立っていることもわかるはずです。少なくとも、本書のコードは標準ライブラリだけを使っているので、より可搬的で実行しやすくなっています。

これは、グラフィックスがテキストよりもアルゴリズムの説明には向いていないと言いたいわけではありません。グラフィックスが本書の対象外だという理由で、アルゴリズムに直接関係しない複雑さを避けたというだけです。

本書のシリーズについて

本書は「Classic Computer Science Problems」シリーズの第 2 冊目です。1 冊目は『Classic Computer Science Problems in Swift』（2018）です。このシリーズでは、（ほとんど）同じコンピュータサイエンス問題を学びながら、各言語特有の洞察も与えるようにしています。

読者が本書を気に入り、本シリーズで他の言語も学ぶと言語の学習が容易になると思います。現時点では Python と Swift しかありません。私に 2 つの言語によるプログラミングの経験があるのでこの 2 冊は私が書きましたが、将来は他の言語の専門家と共著で出版する計画を練っています。ぜひご期待ください。このシリーズについての情報は https://classicproblems.com/ を参照してください。

本書で用いる表記

ゴシック（サンプル）

初出の用語、意味の強調を表します。

固定幅（sample）

関数、変数、データ型、環境変数、文、キーワードなどのプログラムの要素を表します。また、コードのサンプルにも使われます。

イタリック（*sample*）

数式などに使用します。

 このアイコンはヒントや提案を示します。

 このアイコンは一般的な注記を示します。

 このアイコンは警告や注意事項を示します。

問い合わせ先

本書に関するコメントや質問は以下までお知らせください。

株式会社オライリー・ジャパン

電子メール japan@oreilly.co.jp

本書には、正誤表、サンプル、追加情報を掲載したウェブサイトがあります。このページには次のアドレスでアクセスできます。

https://www.manning.com/books/classic-computer-science-problems-in-python（英語）
https://www.oreilly.co.jp/books/9784873118819/ （日本語）

目　次

1章
簡単な問題

手始めに比較的短い関数で解くことができる簡単な問題を取り上げます。これらの問題は簡単ですが、重要な問題解決技法を検討するのに適当なものです。ウォーミングアップとしても最適です。

1.1　フィボナッチ数列　[問題1　フィボナッチ数列]

フィボナッチ数列では、先頭の2項を除いて、一般項が前の2項の数の和で表されます。

    0, 1, 1, 2, 3, 5, 8, 13, 21...

1項目のフィボナッチ数の値は0です。4項目のフィボナッチ数の値は2です。任意の n 項目のフィボナッチ数の値は次の式で得られます。$fib(1) = 0$、$fib(2) = 1$、$n > 2$ とします。

    fib(n) = fib(n - 1) + fib(n - 2)

1.1.1　最初の再帰解

フィボナッチ数列を計算する上の式（**図1-1** で説明）は、**再帰** Python 関数（再帰関数とは、自分自身を呼び出す関数）に簡単に翻訳できる擬似コードと見なせます。この機械的な翻訳方式から、フィボナッチ数列の値を返す関数の第1版、`fib1()` を書くことができます。

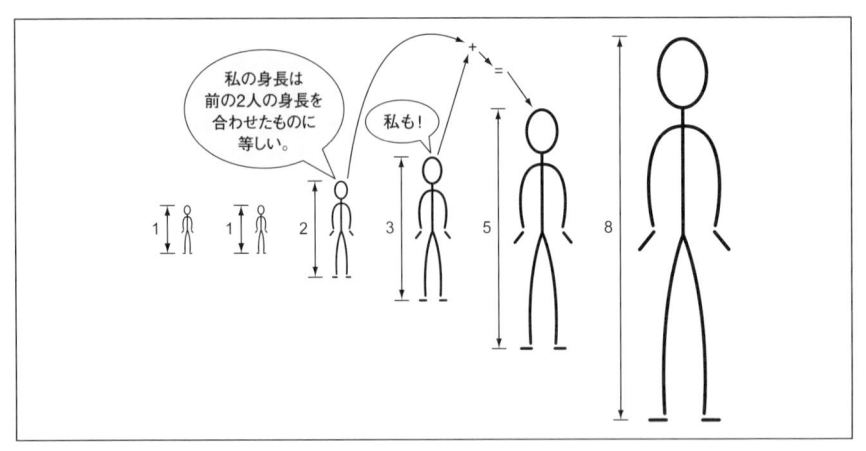

図 1-1　ヒトの身長は前の 2 人の身長を合わせたもの

例 1-1　fib1.py

```python
def fib1(n: int) -> int:
    return fib1(n - 1) + fib1(n - 2)
```

　この関数に値を指定して実行してみましょう。

例 1-2　fib1.py 続き[†]

```python
if __name__ == "__main__":
    print(fib1(5))
```

　`fib1.py` を実行するとエラーが出ます。

```
RecursionError: maximum recursion depth exceeded
```

　`fib1()` の問題点は、最終結果を返さず、永遠に実行を続けてしまうことです。`fib1()` の呼び出しはすべて別の 2 つの `fib1()` の呼び出しになり、終わりがありません。このような状況は**無限再帰**と呼ばれ、**無限ループ**と同じようなものです。

[†]　訳注：ファイル名の後に「続き」と書いてあるのは、前のコードの続きで同じファイルに書かれていることを示す。ここでは if `__name__` == "`__main__`": 以下で先に定義した関数の実行例を出力する。本書付属のリポジトリをダウンロードしていれば、ファイルを開くと該当箇所がわかる。

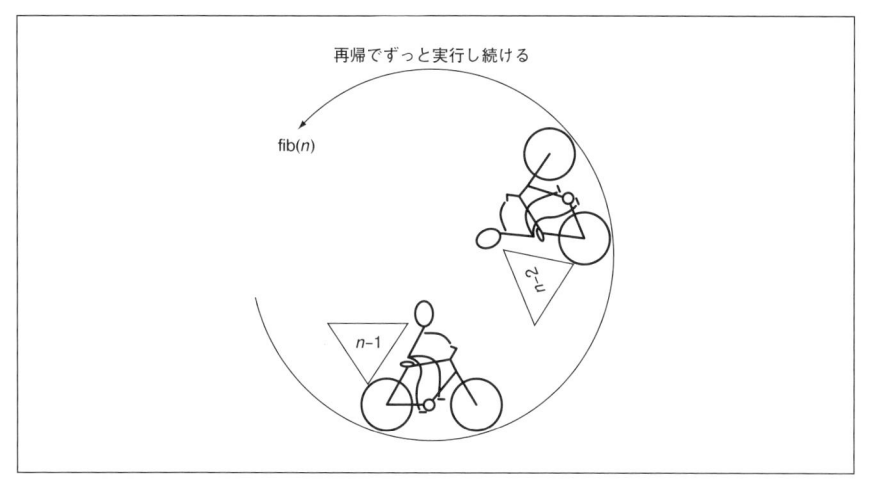

再帰でずっと実行し続ける

fib(*n*)

n-2

n-1

図 1-2　再帰関数 fib1(n) は、引数 n-2 と n-1 で自分自身を呼び出す

1.1.2　基底部を用意する

　fib1() を実行するまで、Python 環境で何か問題があるとは気が付きませんでした。無限再帰を防ぐのはプログラマの役目で、コンパイラやインタープリタの役目ではありません。無限再帰の理由は、基底部を指定しなかったからです。再帰関数では、基底部が停止点となります。

　フィボナッチ数列の場合には、基底部は最初の 2 項、0 と 1 で与えられます。0 も 1 も数列の前の 2 項の和ではありません。これらは、最初の 2 つの特別な値です。これらを基底部として使いましょう。

例 1-3　fib2.py

```python
def fib2(n: int) -> int:
    if n < 2: # 基底部
        return n
    return fib2(n - 2) + fib2(n - 1) # 再帰
```

フィボナッチ関数の fib2() 版では、0 を 1 番目の数（元々の定義）ではなくゼロ番目の数（fib2(0)）として扱います。プログラミングでは、シーケンスが 0 番目から始まるので、この種の処理を行います。

　この fib2() の呼び出しはうまくいきました。今度は正しい値を返します。小さな
値を指定して、呼び出してみましょう。

例1-4　fib2.py 続き

```
if __name__ == "__main__":
    print(fib2(5))
    print(fib2(10))
```

　fib2(50) としてはいけません。実行すると無限再帰ではありませんが止まりませ
ん。なぜでしょうか。すべての fib2() 呼び出しが、fib2(n - 1) と fib2(n - 2) と
いう再帰呼び出しのために、2つ以上の fib2() 呼び出しになり、気が遠くなるほど
の回数を呼び出すことになり、膨大な時間がかかるからです（**図1-3** 参照）。言い換
えると、呼び出し木が指数的に増加します。例えば、fib2(4) 呼び出しの結果は次の
ようになります。

```
fib2(4) -> fib2(3), fib2(2)
fib2(3) -> fib2(2), fib2(1)
fib2(2) -> fib2(1), fib2(0)
fib2(2) -> fib2(1), fib2(0)
fib2(1) -> 1
fib2(1) -> 1
fib2(1) -> 1
fib2(0) -> 0
fib2(0) -> 0
```

　print の引数も含めて数えると、n=4 の計算に 9 回の fib2() 呼び出しがありました。

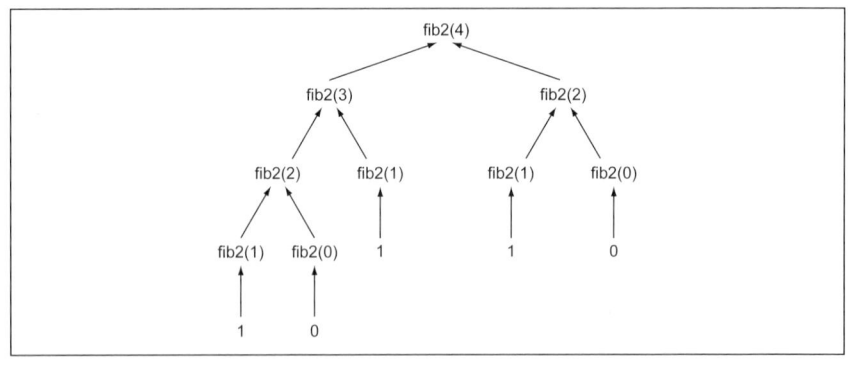

図1-3　基底部でないすべての fib2() 呼び出しは 2 つの別の fib2() 呼び出しとなる

nが増えると事態は悪化します。n=5 の計算には 15 回、n=10 には 177 回、n=20 では 21,891 回の呼び出しになります。でも、うまく行う方法があります。

1.1.3　メモ化で救う

　メモ化とは、計算結果を保存しておいて、必要になったときに再度計算するのではなく、その保存結果を参照する技法のことです（**図 1-4** 参照）[†]。

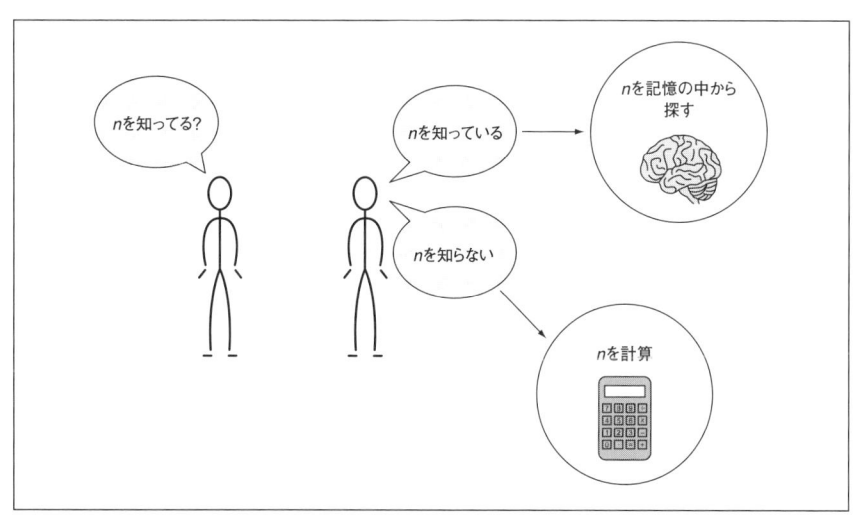

図 1-4　人間のメモ機能

　Pythonの辞書を使って、メモ化機能を備えた新たなフィボナッチ関数を作りましょう。

例 1-5　fib3.py

```python
from typing import Dict
memo: Dict[int, int] = {0: 0, 1: 1} # 基底部

def fib3(n: int) -> int:
    if n not in memo:
```

[†]　原注：英国の高名なコンピュータサイエンティスト Donald Michie が「メモ化」という言葉を初めて使った。Donald Michie『Memo functions: a language feature with "rote-learning" properties』（Edinburgh University, Department of Machine Intelligence and Perception, 1967）（訳注：論文としては、通常、Nature のものが引用される。"Memo" functions and machine learning, Nature, 218, 19-22 (1968) https://www.nature.com/articles/218019a0）

```
        memo[n] = fib3(n - 1) + fib3(n - 2) # メモ化
    return memo[n]
```

fib3(50) を安心して呼び出せます。

例 1-6　fib3.py 続き

```
if __name__ == "__main__":
print(fib3(5))
print(fib3(50))
```

fib2(20) で 21,891 回呼び出していたものが、fib3(20) では 39 回で済みます。
fib3() では 0 と 1 の基底部の値は辞書の初期化時に格納されており、if 文も省略さ
れています。

1.1.4　自動メモ化

fib3() はさらに簡略化できます。Python には、関数のメモ化を自動的に行う組
み込みのデコレータがあります。fib4() では、fib2() と同じコードにデコレータ
@functools.lru_cache() を使います。fib4() が新たな引数値で実行されるたびに、
デコレータが戻り値をキャッシュします。後で fib4() が同じ引数値で呼び出される
と、キャッシュされていた値が取り出されて返されます。

例 1-7　fib4.py

```
from functools import lru_cache


@lru_cache(maxsize=None)
def fib4(n: int) -> int: # fib2()と同じ定義
    if n < 2: # 基底部
        return n
    return fib4(n - 2) + fib4(n - 1) # 再帰部
if __name__ == "__main__":
    print(fib4(5))
    print(fib4(50))
```

フィボナッチ関数本体は fib2() と同じなのに、fib4(50) は短時間で計算できます。
@lru_cache の maxsize は、対応する関数の呼び出しでキャッシュされる最新の個数
を表します。None に設定すると、制限を設けずすべてキャッシュします。

1.1.5 単純なフィボナッチ

性能を向上させる手法は他にもあります。フィボナッチを旧来の反復型方式でも解くことができます。

例 1-8 fib5.py [†]

```python
def fib5(n: int) -> int:
    if n == 0: return n # 基底部
    last: int = 0 # 初期値はfib(0)
    next: int = 1 # 初期値はfib(1)
    for _ in range(1, n):
        last, next = next, last + next
    return next

if __name__ == "__main__":
    print(fib5(5))
    print(fib5(50))
```

fib5() の for ループ本体では、少し大げさですがタプルのアンパックを使っています。簡潔ですが、読みやすさを犠牲にしていると感じる人もいれば、簡潔なので読みやすくなったと思う人もいるでしょう。要点は、last が next の古い値に、next が last の以前の値と next の以前の値の和になることです。これによって、last が更新された後 next が更新されるまでに next の古い値を保持する一時変数を作る必要がありません。ある種の変数スワップにおいて、このようにタプルアンパックを使うことは、Python ではよくあります。

この方式では、for ループ本体は高々 $n-1$ 回しか実行されません。言い換えると、最も効率の良いバージョンです。フィボナッチ数列の $n = 20$ の計算に for ループ本体を 19 回しか実行しません。fib2() の 21,891 回の再帰呼び出しを比べてください。実世界での応用では、重大な違いとなります。

再帰解は後ろ向きに働きます。反復解は前向きです。問題を解くのに、再帰が直感的で素直な場合もあります。例えば、fib1() や fib2() の本体定義は、フィボナッチ数列の公式を機械的に置き換えたようなものです。素朴な再帰解には、重大な性能上の問題がつきものです。再帰的に解ける問題はすべて、反復的に解くこともできます。

[†] 訳注：組み込み関数と同じ名前の変数名（ここでは next）を使っている。これは組み込み関数を上書きして、思わぬバグの原因となりうるので避けたほうがよい。「Zen of Python」(PEP 20) の "Explicit is better than implicit." や "Readability counts." 参照。

1.1.6 フィボナッチ数列をジェネレーターで作る

これまでは、フィボナッチ数列の1つの値を出力する関数を書いてきました。ある値までのすべての数列を出力するにはどうすればよいでしょうか。yield 文を使うと fib5() を Python ジェネレーターに簡単に変換できます。そしてジェネレーターのイテレーションでは、yield 文を使ってイテレーションごとにフィボナッチ数列の値を取り出すことができます。

例 1-9 fib6.py

```python
from typing import Generator


def fib6(n: int) -> Generator[int, None, None]:
    yield 0  # 基底部
    if n > 0: yield 1  # 基底部
    last: int = 0  # 初期設定 fib(0)
    next: int = 1  # 初期設定 fib(1)
    for _ in range(1, n):
        last, next = next, last + next
        yield next  # 主ジェネレータステップ

if __name__ == "__main__":
    for i in fib6(50):
        print(i)
```

fib6.py を実行すると、フィボナッチ数列の 51 項が出力されます。for i in fib6(50): という for ループのイテレーションで、fib6() は yield 文まで実行します。関数の末尾に達したときに yield 文がないとイテレーションは終わります。

1.2 簡単な圧縮 [問題2 遺伝子コードの圧縮]

（仮想空間でも実空間でも）空間の節約は重要です。できるだけ空間を使わない方が効率的で、お金もかかりません。住居が家財や家族の必要な分より大きいなら、もっと安いところにダウンサイズできます。データを格納するためのサーバの使用料がバイト単位で課金されているなら、圧縮してストレージコストの軽減を図りたいでしょう。**圧縮**は、データを符号化（形式を変更）してメモリ使用量を抑えることです。**解凍**（展開ともいう）は逆操作で、元の形式にデータを戻すことです。

データを圧縮してストレージを効率的に利用できるなら、なぜ、あらゆるデータが

圧縮されていないのでしょうか。それは時間と空間とのトレードオフがあるからです。データを圧縮して元のデータに解凍するには時間がかかるのです。したがって、データ圧縮は実行の高速性よりもサイズを抑えることが重要な状況でのみ意味があります。インターネットを介して巨大ファイルを送る場合を考えましょう。受け取ってから解凍する時間よりもファイル転送の時間の方が長いので、圧縮する意味があります。さらに、サーバ側ではファイルの圧縮は 1 回行うだけで十分です。

データ圧縮をすべきか否かを判断する一番簡単な方法は、データを格納しているデータ型のサイズ（ビット数）が、コンテンツに必要なビット数より多いかどうか調べることです。例えば、低レベルの、値が 65,535 を超えない符号なし整数が 64 ビット符号なし整数としてメモリに格納されている場合を考えましょう。これは非効率です。16 ビット符号なし整数で格納できるからです。そうすれば、（64 ビットではなく 16 ビットで）現在のメモリ量の 75% が削減できます。そのような非効率に格納されている数が数百万もあれば、無駄に消費されているメモリは数百メガバイトに上ります。

Python はシンプルな言語を目標としているため、開発者はビットでは考えないことが奨励されています。64 ビット符号なし整数型や 16 ビット符号なし整数型はありません。任意の精度を格納できる 1 つの int 型があるだけです。Python オブジェクトのメモリ消費量は、関数 sys.getsizeof() でわかります。しかし、Python オブジェクトシステムのオーバヘッドのために、Python 3.7 で 28 バイト（224 ビット）より小さな int を作ることはできません。1 つの int は（例で示すように）1 ビットずつ拡張できますが、最低でも 28 バイト使うのです。

 もしバイナリについて記憶が曖昧なら、ビットは 1 または 0 のどちらかの値であったことを思い出してください。1 と 0 の列が底 2 の数を表します。この節の目的には、底 2 で計算する必要はありませんが、型に格納されるビット数によって格納できる値の数が決まることを理解する必要があります。例えば、1 ビットは 2 つの値（0 か 1）、2 ビットは 4 つの値（00, 01, 10, 11）、3 ビットは 8 つの値となります。

型が表す異なる値の個数が、使われているビットすべてで表せる個数より少なければ、もっと効率的に格納することができます。DNA の遺伝子を構成するヌクレオチドを考えましょう[†]。ヌクレオチドには A, C, G, T の 4 つの値しかありません（2 章で

[†] 原注：この例は、Robert Sedgewick and Kevin Wayne『Algorithms, fourth edition』（Addison-Wesley、2011）819 ページによる。

も扱います）。遺伝子を、Unicode 文字の集まりである文字列型 str として格納する
なら、ヌクレオチド 1 つは文字で表されるので、一般に 8 ビット分のメモリ量を必
要とします。バイナリでは、値が 4 つの型を表すには 2 ビットあれば十分です。00,
01, 10, 11 が 2 ビットで表せる 4 つの可能値です。A を 00、C を 01、G を 10、T を
11 で表すなら、ヌクレオチドの文字列は 75 % 小さくなります（1 ヌクレオチドにつ
いて 8 ビットから 2 ビットに縮小）。

　ヌクレオチドを str で表す代わりに、**ビット列**（**図1-5** 参照）で表すことができます。
ビット列はその名の通り、1 と 0 のシーケンスです。残念ながら、Python 標準ライ
ブラリには、任意長のビット列を扱う適当なものがありません。次のコードでは、A,
C, G, T からなる str をビット列に変換したり、戻したりします。ビット列は int に
格納されます。Python の int 型は長さが任意なので、任意長のビット列を表すのに
使えます。str に戻すために、Python の特殊メソッド __str__() を実装します。

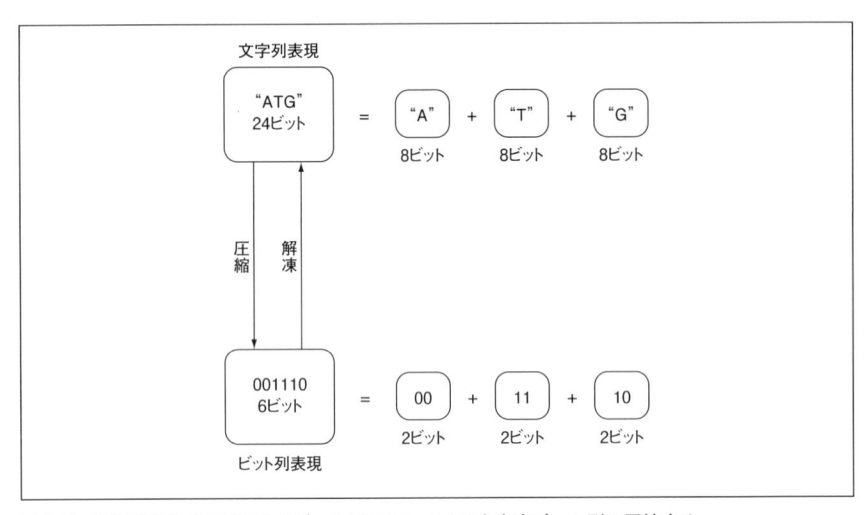

図1-5　遺伝子を表す文字列を 2 ビットでヌクレオチドを表すビット列に圧縮する

例1-10　trivial_compression.py

```
class CompressedGene:
    def __init__(self, gene: str) -> None:
        self._compress(gene)
```

　CompressedGene は、遺伝子のヌクレオチドを表す文字列 str を、ヌクレオチドの

並びを表すビット列にして内部に格納します。__init__() メソッドは、適切なデー
タでビット列を作成します。__init__() が呼び出す _compress() が、与えられたヌ
クレオチドの str をビット列に実際に変換する仕事を引き受けます。

_compress() という名前がアンダースコアで始まっていることに注意してくださ
い。Python にはプライベートメソッド / 変数という概念がありません（すべてのメ
ソッド / 変数がリフレクションで参照できるので、厳密なプライバシー制限があり
ません）。先頭のアンダースコアが、クラス外部で使用すべきでないメソッドである
ことを示す（これは、変更されることがあり、プライベート関数として扱われるべき
だという）記法として使われています。

クラスにおいてメソッドやインスタンス変数の名前をアンダースコア 2 つで始め
たら、Python はその「名前修飾」（マングリング）を実行して、実装名を変更し、
他のクラスから簡単に見つけられないようにします。本書では、アンダースコア 1
つを使って「プライベート」変数やメソッドであることを示しましたが、本当にプ
ライベートであることを強調したいなら、アンダースコア 2 つを使うこともでき
ます。Python での名前付けの処理の詳細は、PEP 8 の「命名規約」の節（http://
mng.bz/NA52）を参照してください。

次に、実際に圧縮がどのように行われるか確認してみましょう。

例 1-11　trivial_compression.py 続き

```python
def _compress(self, gene: str) -> None:
    self.bit_string: int = 1  # 番兵で開始
    for nucleotide in gene.upper():
        self.bit_string <<= 2  # 2ビット左シフト
        if nucleotide == "A":  # 末尾2ビットを00に設定
            self.bit_string |= 0b00
        elif nucleotide == "C":  # 末尾2ビットを01に設定
            self.bit_string |= 0b01
        elif nucleotide == "G":  # 末尾2ビットを10に設定
            self.bit_string |= 0b10
        elif nucleotide == "T":  # 末尾2ビットを11に設定
            self.bit_string |= 0b11
        else:
            raise ValueError("Invalid Nucleotide:{}".format(nucleotide))
```

_compress() メソッドは、ヌクレオチドの str の文字を順次調べていきます。A な
ら 00 をビット列に追加します。C なら 01 を追加します。各ヌクレオチドに 2 ビッ

ト必要です。そこで、ヌクレオチドを追加する前に、ビット列を左に2ビットシフト
します（self.bit_string <<= 2）。

　ヌクレオチドはor演算子（|）を使って追加します。左シフトの後、0を2つビッ
ト列に追加します。ビット演算では、0を他の値に「orする」（例 self.bit_string
|= 0b10）ことは、他の値の0を置き換えることになります。言い換えると、ビッ
ト列の右側に新たに2ビット追加し続けます。追加される2ビットはヌクレオチドの
型に依存し決まります。

　最後に、解凍メソッドとそれを使う __str__() 特殊メソッドを実装します。

例1-12　trivial_compression.py 続き

```python
def decompress(self) -> str:
    gene: str = ""
    for i in range(0, self.bit_string.bit_length() - 1, 2):  # -1で番兵を除外
        bits: int = self.bit_string >> i & 0b11  # 肝心の2ビットだけ
        if bits == 0b00:  # A
            gene += "A"
        elif bits == 0b01:  # C
            gene += "C"
        elif bits == 0b10:  # G
            gene += "G"
        elif bits == 0b11:  # T
            gene += "T"
        else:
            raise ValueError("Invalid bits:{}".format(bits))
    return gene[::-1]  # [::-1]は逆向きスライスで文字列を反転

def __str__(self) -> str:  # プリティプリント用の表現
    return self.decompress()
```

　decompress() はビット列から2ビットずつ読み込みます。その2ビットを使って
遺伝子の str 表現の末尾にどの文字を追加するか決定します。ビット読み込みが圧縮
時とは逆方向（左から右ではなく右から左）なので、str 表現が逆になります（反転
のためのスライス表記 [::-1] を使う）。最後に、decompress() の実装に int メソッ
ド bit_length() を使っていることに注意してください。テストしてみましょう。

例 1-13 trivial_compression.py 続き

```python
if __name__ == "__main__":
    from sys import getsizeof
    original: str =
        "TAGGGATTAACCGTTATATATATATAGCCATGGATCGATTATATAGGGATTAACCGTTATATATATATAGCCATGGATCG
        ATTATA" * 100
    print("original is {} bytes".format(getsizeof(original)))
    compressed: CompressedGene = CompressedGene(original)  # 圧縮
    print("compressed is {} bytes".format(getsizeof(compressed.bit_string)))
    print(compressed)  # 解凍
    print("original and decompressed are the same: {}".format(original ==
        compressed.decompress()))
```

sys.getsizeof() メソッドを用い、圧縮スキーマによる遺伝子格納のメモリコストの約 75% を削減できたことを出力します。

例 1-14 trivial_compression.py 出力

```
original is 8649 bytes
compressed is 2320 bytes
TAGGGATTAACC⋯
original and decompressed are the same: True
```

> CompressedGene クラスでは圧縮および解凍メソッドのいずれにおいても if 文を広範囲に使って場合分けをしました。Python には switch 文がないので、この振る舞いが普通です。Python で一般的なのは、場合分け if 文の代わりに辞書を使う方式です。例えば、ヌクレオチドの個別ビットを参照する辞書を使います。これだと読みやすくなりますが性能が低下します。辞書参照の計算量は $O(1)$ ですが、実際にはハッシュ関数で実行するので、一連の if の代わりに辞書を使うと性能が落ちることもあります。もちろん、この決定は個別プログラムの if 文が実際に何を評価するかに依存します。コードの重要な部分では if 文と辞書参照の両方のメソッドで性能テストが必要になります。

1.3 破られない暗号 [問題3 ワンタイムパッドを使った暗号化と復号]

　ワンタイムパスワード用のワンタイムパッドは、データを無意味なランダムダミーデータと組み合わせて暗号化し、暗号化データとダミーデータの両方にアクセスしない限り元データを再構成できないようにしたものです。これによって、キー対（1つのキーが暗号化データ、もう 1 つのキーがランダムなダミーデータ）による暗号生成器ができます。キーが 1 つだけでは役に立ちません。両方のキーを組み合わせて初め

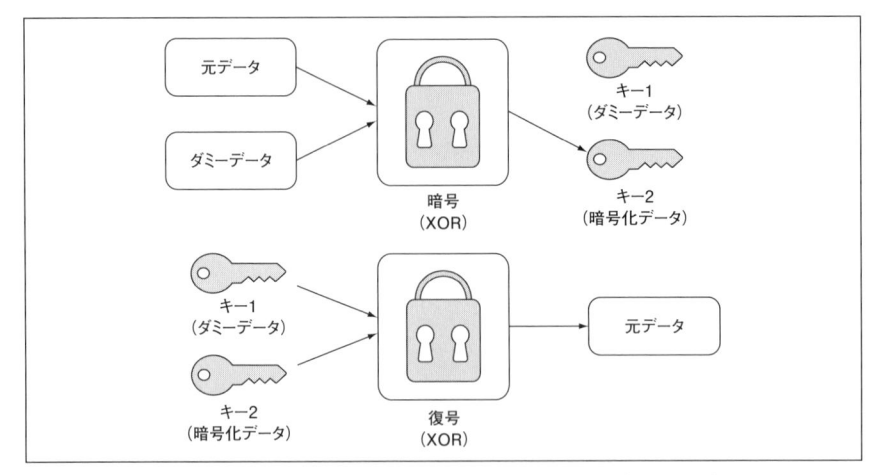

図1-6 ワンタイムパッドは2つの異なるキーを作り、組み合わせて元データを再生できる

て元のデータを解読できます。正しく処理すれば、ワンタイムパッドは破られない暗号になります。**図1-6** にそのプロセスを示します。

1.3.1 データを順に取り出す

この例では、ワンタイムパッドで str を暗号化します。Python 3 の str の考え方の1つは、UTF-8（UTF-8 は、Unicode 文字の符号化方式の1つ）バイトシーケンスです。str は、メソッドで UTF-8 バイトシーケンス（bytes 型で表す）に変換されます。同様に、UTF-8 バイトシーケンスは、bytes 型の decode() メソッドで元の str に変換されます。

ワンタイムパッド暗号化演算で使われるダミーデータは、結果が破られないためには次の3つの基準を満たさなければなりません。ダミーデータは、元のデータと同じ長さで、真にランダムであり、完全に秘密にされなければなりません。第1と第3の基準は常識です。ダミーデータが短すぎて繰り返しがあれば、パターンが観察できます。どちらかのキーが完全に秘密にされていないと（どこかで再利用されたり、明かされると）攻撃者に手がかりを与えてしまいます。それに第2基準には疑問があります。真にランダムなデータを作ることができるでしょうか。ほとんどの答えは「否」です。

この例では、（Python 3.6 で初めて標準ライブラリに取り込まれた）secrets モ

ジュールの擬似乱数生成関数 token_bytes() を使います。データは真にランダムでは
ありませんが、secrets パッケージの中でこの擬似乱数生成器が使われていることか
らもわかるように、本書の目的にかなうだけ真のランダム性に近いものです。ダミー
データとして使うランダムキーを生成しましょう。

例1-15　unbreakable_encryption.py

```python
from secrets import token_bytes
from typing import Tuple


def random_key(length: int) -> int:
    # length長のランダムバイト作成
    tb: bytes = token_bytes(length)
    # バイトをビット列にして返す
    return int.from_bytes(tb, "big")
```

　この関数は、length 長のランダムバイトの int を作ります。int.from_bytes() メ
ソッドを使って bytes を int に変換します。複数バイトをどのようにして、整数1つ
に変換するのでしょうか。答えは前の問題[問題2　遺伝子コードの圧縮]にあります。
int 型のサイズに制限はなく、問題2ではジェネリック（汎用構成的）なビット列と
して使えることがわかりました。この問題でも int を同じように使います。例えば、
from_bytes() メソッドは7バイト（7バイト×8ビット＝56ビット）を取って、56ビッ
ト整数に変換します。これにどんなメリットがあるのでしょうか。多数のバイトのシー
ケンスよりも1つの int（長いビット列）に対してビット演算する方がより簡単で性
能が良いのです。これからビット演算 XOR を使います。

1.3.2　暗号化と復号

　暗号化する元データとダミーデータをどのように組み合わせるのでしょうか。その
ために、**XOR** 演算を使います。XOR は、オペランドのどちらか1つが真の場合に真
を返す（ビットレベルの）論理ビット演算ですが、オペランドの両方が真または偽の
場合には偽を返します。XOR は eXclusive OR（排他論理和）の略語です。
　Python の XOR 演算子は、^ です。バイナリのビット演算に関しては、0 ^ 1と
1 ^ 0は1、0 ^ 0と1 ^ 1は0が XOR 演算の結果です。2数のビットを XOR した
ときに役に立つ性質は、結果にどちらかの数に再度 XOR 演算を行うと、一方の数が
得られることです。

```
A ^ B = C
C ^ B = A
C ^ A = B
```

この性質に対する洞察がワンタイムパッド暗号の基礎となります。暗号化データ
は、元の str のバイトを表す int と同じビット長の（random_key() で）ランダムに
生成された int とを XOR するだけです。返されるキー対は、ダミーデータと暗号化
データです。

例 1-16　unbreakable_encryption.py 続き

```python
def encrypt(original: str) -> Tuple[int, int]:
    original_bytes: bytes = original.encode()
    dummy: int = random_key(len(original_bytes))
    original_key: int = int.from_bytes(original_bytes, "big")
    encrypted: int = original_key ^ dummy  # XOR
    return dummy, encrypted
```

> int.from_bytes() には 2 つの引数が渡されます。第 1 引数は int に変換する
> bytes、第 2 引数はバイトの**エンディアン**（この場合は big）です。エンディアンは、
> 上位バイトが最初であるか下位バイトが最初であるかという、データ格納時のバイ
> トの順序を示します。この問題の場合、個別のビットを扱っているので、暗号化と
> 復号の両方で同じバイト順を用いてさえいれば、どちらの順序でも構いません。こ
> の問題と異なる状況では、このバイト順が重大なことがあるので注意してください。

解読復号は、encrypt() で生成されたキー対を再度組み合わせるだけです。これも、
2 つのキーの XOR 演算で済みます。最終的な出力は str に戻さねばなりません。まず、
int.to_bytes() を使って int を bytes に変換します。そのためには、int から変換す
るバイトの個数が必要になります。ビット長を 8（1 バイトのビット数）で割ります。
最後に、bytes の decode() メソッドで str に戻します。

例 1-17　unbreakable_encryption.py 続き

```python
def decrypt(key1: int, key2: int) -> str:
    decrypted: int = key1 ^ key2  # XOR
    temp: bytes = decrypted.to_bytes((decrypted.bit_length() + 7) // 8, "big")
    return temp.decode()
```

結果を切り上げるために、8 で整数除算（//）をする前に 7 を復号データの長さに
足しておくことが必要です。いわゆる（値が 1 つだけ狂う）off-by-one エラーを避け

るためです。このワンタイムパッド暗号がきちんと動けば、Unicode 文字列を問題なく暗号化して復号できるはずです。

例 1-18 unbreakable_encryption.py 続き

```
if __name__ == "__main__":
    key1, key2 = encrypt("One Time Pad!")
    result: str = decrypt(key1, key2)
    print(result)
```

無事に One Time Pad! が出力されれば、すべてがうまくいったということです。

1.4 円周率 π の計算 [問題4 級数による π の計算]

数学で重要な数、円周率（π、3.14159…）を計算するには、多くの公式があります。ライプニッツの公式は、簡単な公式の1つです。π が次の無限級数の収束値になります。

$$\pi = 4/1 - 4/3 + 4/5 - 4/7 + 4/9 - 4/11...$$

無限級数のすべての項の分子は 4 で、分母が 2 ずつ増えていき、各項の演算で加算と減算とが交互に行われます。

この公式をそのまま変数を持つ関数にモデル化できます。分子は定数 4、分母は1から始まり 2 ずつ増える変数、演算は足すか引くかに基づいて 1 か −1 で表します。**例 1-19** では、for ループで級数の和を計算しては、値を変数 pi に格納します。

例 1-19 calculating_pi.py

```
def calculate_pi(n_terms: int) -> float:
    numerator: float = 4.0
    denominator: float = 1.0
    operation: float = 1.0
    pi: float = 0.0
    for _ in range(n_terms):
        pi += operation * (numerator / denominator)
        denominator += 2.0
        operation *= -1.0
    return pi

if __name__ == "__main__":
    print(calculate_pi(1000000))
```

 ほとんどのプラットフォームで、Python の float は 64 ビット浮動小数点数、すなわち C の double です。

この関数は、興味深い概念をモデル化したりシミュレーションする場合に、数学公式とプログラミングコードとの機械的な変換がとても簡単で効果的なことを示す例となります。このような機械的変換は便利ですが、必ずしも効率の面で最良の解とはならないことを覚えておかないといけません。円周率を求めるライプニッツの公式は、明らかにもっと効率的で簡潔なコードで実装できます。

 無限級数の項が増える（calculate_pi() の呼び出しで n_terms の値が大きくなる）ほど、円周率の計算値が正確になります。

1.5　ハノイの塔　[問題5　ハノイの塔]

鉛直の棒（「塔」と呼びます）が3本あります。それぞれを A, B, C と名付けます。ドーナツ型の円盤が A に重ねて置かれています。一番下には一番大きな円盤があり、それを円盤1と呼びます。残りの円盤は、1ずつ数を増やしていき、順に小さくなります。例えば、円盤が3枚だと、一番大きな円盤が円盤1で一番下にあり、次に大きな円盤2が円盤1の上にあります。最後に一番小さな円盤3が円盤2の上にあります。目的は、塔 A の円盤すべてを塔 C に移動させる際に次の条件を満たすことです。

- 1回に1枚の円盤だけを移動。
- 移動するのは一番上の円盤だけ。
- 大きな円盤を小さな円盤の上に載せてはいけない。

図 1-7 に問題の概略を示します。

1.5.1　塔のモデル

スタックは、後入先出法（LIFO：Last-In-First-Out）という概念をモデル化したデータ構造です。スタックに積まれた最後のものが最初に取り出されます。スタックの基本演算は push と pop です。push はスタックに新たな要素を入れます。pop は最後に

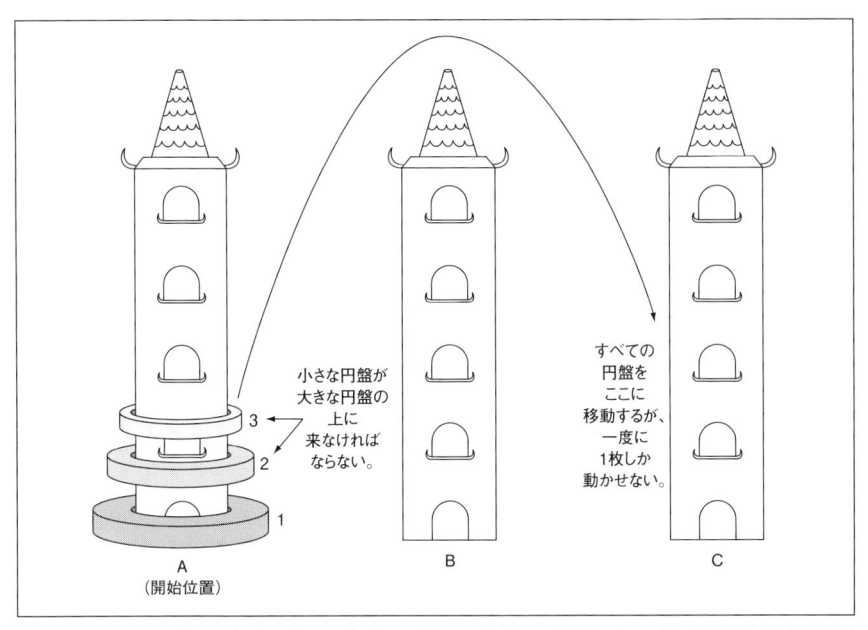

図1-7 課題は、3枚の円盤を一度に1枚ずつ、塔Aから塔Cに移すこと。大きな円盤を小さな円盤の上に載せてはいけない

入れられた要素を取り出して返します。Pythonではリスト（list）を使ってスタックをモデル化できます。

例1-20　hanoi.py

```python
from typing import TypeVar, Generic, List
T = TypeVar('T')


class Stack(Generic[T]):

    def __init__(self) -> None:
        self._container: List[T] = []

    def push(self, item: T) -> None:
        self._container.append(item)

    def pop(self) -> T:
        return self._container.pop()
```

図中ラベル: 3, 2, 1, A（開始位置）, B, C
小さな円盤が大きな円盤の上に来なければならない。
すべての円盤をここに移動するが、一度に1枚しか動かせない。

```
def __repr__(self) -> str:
    return repr(self._container)
```

> この Stack クラス実装では、 __repr__() で塔の状態を調べます。Stack を print()
> すると __repr__() の値が出力されます。

> 「はじめに」で述べたように本書では型ヒントを使います。typing モジュールか
> ら Generic をインポートしたので、Stack は、型ヒントの具体的な型に対してジェ
> ネリックとなります。任意の型 T は、T = TypeVar('T') と定義されます。T は
> どのような型でも構いません。ハノイの塔を解くのに後で型ヒントを使うとき、
> Stack[int] と型ヒントから、T が int 型になることを示します。言い換えると、整
> 数のスタックになります。型ヒントがよくわからないなら、付録 C を読んでくだ
> さい。

　スタックは、ハノイの塔問題における塔の完璧な代替となります。円盤を塔に置く
とき、push するだけで済みます。ある塔から別の塔に円盤を移すには、第 1 の塔（移
動元）から pop して、第 2 の塔（移動先）に push します。

　Stack で塔を定義して、第 1 の塔に円盤を置きます。

例 1-21　hanoi.py 続き

```
num_discs: int = 3
tower_a: Stack[int] = Stack()
tower_b: Stack[int] = Stack()
tower_c: Stack[int] = Stack()
for i in range(1, num_discs + 1):
    tower_a.push(i)
```

1.5.2　ハノイの塔を解く

　ハノイの塔はどう解けばよいでしょうか。1 枚の円盤だけを移動させる場合を考え
ましょう。どうすればよいかわかりますね。実際、ハノイの塔の再帰解では、1 枚の
円盤を移動させるのが基底部です。再帰部は、2 枚以上の円盤を移動させる場合です。
つまりコーディングするのは次の 2 つの場合です。1 枚の円盤を移動させる場合（基
底部）と 2 枚以上の円盤を移動させる場合（再帰部）です。

　再帰部を理解するために、具体的な例を考えましょう。塔 A に 3 枚の円盤（上、中、
下）があり、塔 C に移動させる（問題の図を書くとわかりやすいでしょう）とします。

上の円盤を塔 C にまず移動させ、次に中の円盤を塔 B に移動させます。それから、塔 C の上の円盤を塔 B に移動させます。下の円盤はまだ塔 A に、上と中の 2 枚の円盤は塔 B にあります。本質的に、2 枚の円盤を塔（A）から塔（B）へ移動させることに成功しました。下の円盤を A から C に移動させるのが基底部（1 枚の円盤を動かす）です。上の 2 枚の円盤を、A から B へ移動させたのと同じ手続きで B から C へ移動できます。上の円盤を A に移動させ、中の円盤を C に、最後に上の円盤を A から C に移動させます。

コンピュータサイエンスの授業では、木の棒とドーナツ型のプラスチックで作られたハノイの塔の模型がよく使われます。鉛筆 3 本と紙 3 枚を使って自分だけの模型を作ることもできます。模型を使うと解を可視化できます。

3 枚の円盤の例では、1 枚の円盤の基底部と残りの円盤すべて（この場合は 2 枚）を移動させる再帰部があり、第 3 の塔を一時的に使います。再帰部を 3 ステップに分解します。

1. 上の $n-1$ 枚の円盤を塔 A から塔 B に塔 C を中間の塔として使って移動。
2. 底の 1 枚の円盤を塔 A から塔 C に移動。
3. $n-1$ 枚を塔 B から塔 C に塔 A を中間の塔として使って移動。

驚くべきことには、この再帰アルゴリズムは 3 枚の円盤だけではなく、何枚円盤があっても正しく機能します。円盤をある塔から別の塔に第 3 の一時的な塔を使って移す関数 hanoi() としてこれをコーディングします。

例 1-22　hanoi.py 続き

```python
def hanoi(begin: Stack[int], end: Stack[int], temp: Stack[int], n: int) -> None:
    if n == 1:
        end.push(begin.pop())
    else:
        hanoi(begin, temp, end, n - 1)
        hanoi(begin, end, temp, 1)
        hanoi(temp, end, begin, n - 1)
```

hanoi() を呼び出した後、塔 A、B、C を調べて、円盤を正しく移動させたことを確認しましょう。

例 1-23　hanoi.py 続き

```
if __name__ == "__main__":
    hanoi(tower_a, tower_c, tower_b, num_discs)
    print(tower_a)
    print(tower_b)
    print(tower_c)
```

　正しく移ったことがわかります。ハノイの塔の解をコーディングするとき、塔 A から塔 C へ複数の円盤を移動させるのに必要なすべてのステップを理解する必要はありません。それでも、何枚でも円盤を移動する一般的な再帰アルゴリズムが理解でき、コーディングして、残りをコンピュータに行わせることができます。これこそが、問題の再帰解を式からコードに変換する威力です。個別の動作を頭の中で突き合わせていかなくても、抽象的に解を考えることができます。

　ところで、hanoi() 関数は、円盤の枚数が増えると指数的に時間がかかるので、64 枚の円盤でさえ生きている間には終わりません。num_discs 変数の値をいろいろと変えて試してみてください。円盤が増えるに従って指数的に必要ステップ数が増えることが、さまざまな場所で語られるハノイの塔の伝説の元になっています。この再帰解の背後にある数理についても知りたいと思うことでしょう。Carl Burch の『About the Towers of Hanoi』（https://www.cs.cmu.edu/~cburch/survey/recurse/hanoi.html）を参照してください。

1.6　実世界での応用[†]

　本章で学んださまざまな技法（再帰、メモ化、圧縮、ビット操作）は、モダンなソフトウェア開発ではあまりにもよく使われているので、これらなしにコンピュータを使う世界など想像できません。これらを使わずに問題を解くことは可能ですが、これらの技法を使った方が、論理的にスッキリして、性能上の問題もなくなります。

　特に、再帰は多くのアルゴリズムの核心であるばかりか、多くのプログラミング言語の中心的存在です。Scheme や Haskell のような関数型プログラミング言語においては、命令型プログラミング言語のループを再帰で行います。ただし、再帰を使って行える作業は、反復技法でも行えることは覚えておくべきです。

　メモ化は（言語解釈のプログラムである）パーサで使われて速度向上に成功してい

[†]　訳注：ハノイの塔は、グレイコードと関連がある。『問題解決の Python プログラミング』参照。

ます。最近計算した結果を再度使うようなあらゆる問題で利用できます。プログラミング言語のランタイムでもメモ化が使われています。（例えばある種の Prolog の）言語ランタイムでは、関数呼び出しの結果を自動的に格納（**自動メモ化**）して、次に同じ呼び出しがあればそれを参照して計算実行を省略します。それは、fib4() の @lru_cache() デコレータの振る舞いと同じようなものです。

　圧縮により、バンド幅の制約が厳しいインターネットコネクションを広く使えるようになりました。［問題2　遺伝子コードの圧縮］で用いたビット列技法は、可能値の個数が限られていて1バイトでも無駄のある実世界での簡単なデータ型に対して使うことができます。しかし、圧縮アルゴリズムの多くは、データセットの中で繰り返されている情報を削除できるパターンや構造を見つけて処理するものです。それらは、［問題2　遺伝子コードの圧縮］で扱ったものよりはるかに複雑な操作になります。

　ワンタイムパッドは、一般的な暗号には実用的ではありません。暗号器と復号器の両方で、元のデータを再構築するために同じキー（本章の場合ではダミーデータ）を保持する必要があり、面倒で（キーを秘匿するという）ほとんどの暗号化スキーマの目的に反します。しかし、「ワンタイムパッド」という言葉が、冷戦時代に暗号通信のためのダミーデータを作るのに実際に使われた紙のパッド（冊子）を使ったスパイたちから来ていることには興味を持つのではないでしょうか。

　これらの技法は、他のアルゴリズムを作るときの実用プログラムの構成要素です。2章以降では、これらがどのように使われるかを説明します。

1.7　練習問題

1. 自分で考えた方法で、フィボナッチ数列の第 *n* 項を求める関数を書きなさい。解が正しく、また本章の関数と比較して性能が妥当か評価するユニットテストも書きなさい。

2. Python の単純な int 型がビット列を表すのにどのように用いられるかを学びました。一般的なビットのシーケンスとして使える int の使いやすいラッパーを書きなさい（イテレーション可能なように __getitem__() を実装しなさい）。このラッパーを使って CompressedGene を再実装しなさい。

3. 塔が何本あっても解くことができるハノイの塔のソルバー（問題を解くプログラム）を書きなさい。

4. ワンタイムパッドを使って、画像の暗号化と復号を行いなさい。

2章
探索問題

　「探索」は広く使われる用語なので、本書の題名を『Python のクラシック探索問題』にしてもよいくらいです。本章では、プログラマなら知っておかねばならない探索アルゴリズムの基本について学びます。「探索問題」という題名ですが、そのすべてを網羅しているわけではありません。

2.1　DNA 探索　[問題6　DNAのコドン探索]

　一般にコンピュータソフトウェアでは、遺伝子はA, C, G, T の文字のシーケンスとして表します。1つの文字が**ヌクレオチド**を表し、3つのヌクレオチドの組み合わせが**コドン**と呼ばれます。これを**図 2-1** に示します。アミノ酸のコドンのコードは他のアミノ酸とともに**タンパク質**を構成します。バイオインフォマティクスソフトウェアの古典的な作業は、遺伝子の中から指定されたコドンを見つけることです。

2.1.1　DNA の格納

　ヌクレオチドを 4 つの場合からなる簡単な IntEnum で表せます。

例 2-1　dna_search.py

```
from enum import IntEnum
from typing import Tuple, List

Nucleotide: IntEnum = IntEnum('Nucleotide', ('A', 'C', 'G', 'T'))
```

　Nucleotide が単なる Enum ではなく IntEnum なのは、IntEnum では比較演算子（<、

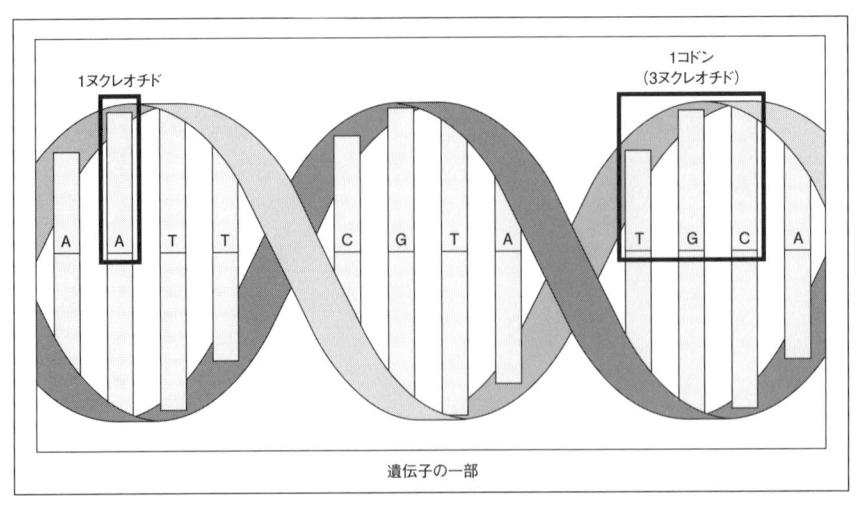

1ヌクレオチド

1コドン
（3ヌクレオチド）

遺伝子の一部

図 2-1 ヌクレオチドは A, C, G, T の文字で表す。コドンは 3 つのヌクレオチドから、遺伝子は複数のコドンからできている

>= など）が「そのままで」手に入るからです。実装する探索アルゴリズムでの演算には、データ型でそれらの演算をできる必要があります。型ヒントに使えるように、typing パッケージから Tuple と List をインポートします。

コドンは 3 つのヌクレオチドで定義します。遺伝子は Codon のリストで定義します。

例 2-2 dna_search.py 続き

```
Codon = Tuple[Nucleotide, Nucleotide, Nucleotide] # コドンの型エイリアス
Gene = List[Codon] # 遺伝子の型エイリアス
```

 後で Codon を他の Codon と比較する必要がありますが、演算子 < を明示的に実装した特殊メソッド __lt__() を Codon に定義する必要はありません。比較可能な型から作られたタプル間での比較は Python に組み込まれているからです。

通常、インターネットで見かける遺伝子は、遺伝子のシーケンスのすべてのヌクレオチドを表す巨大文字列を含んだファイルの中にあります。本書では、架空の遺伝子のためにそのような文字列を定義して、gene_str と呼びます。

例 2-3　dna_search.py 続き

```
gene_str: str = "ACGTGGCTCTCTAACGTACGTACGTACGGGGTTTATATATACCCTAGGACTCCCTTT"
```

str を Gene に変換するユーティリティ関数も必要です。

例 2-4　dna_search.py 続き

```
def string_to_gene(s: str) -> Gene:
    gene: Gene = []
    for i in range(0, len(s), 3):
        if (i + 2) >= len(s):  # 終わり。行きすぎないこと
            return gene
        # 3ヌクレオチドでコドンを初期化
        codon: Codon = (Nucleotide[s[i]], Nucleotide[s[i + 1]], Nucleotide[s[i + 2]])
        gene.append(codon)  # コドンを遺伝子に追加
    return gene
```

string_to_gene() は、与えられた str を順に調べて 3 文字ごとに Codon に変換して、新たな Gene の末尾に追加します。調べている s の現在の位置に加えてさらに 2 つの Nucleotide を置くことができない（ループ中の if 文参照）ことがわかったら、不完全な遺伝子の末尾に到達したことがわかり、最後の 1 つか 2 つのヌクレオチドをスキップします。

string_to_gene() は、次のように str 型の gene_str を Gene に変換するのに使います。

例 2-5　dna_search.py 続き

```
my_gene: Gene = string_to_gene(gene_str)
```

2.1.2　線形探索

遺伝子について行いたい基本操作は、指定されたコドンを探すことです。

線形探索では、探索空間の全要素を元のデータ構造の順序に従って、探しているものが見つかるかデータ構造の末端に到達するまで調べます。実際に、線形探索は最も単純かつ自然で、何かを探すときに自明な方法です。一方で線形探索は最悪時、データ構造の全要素を調べる必要があります。つまり、n がデータ構造の要素数のとき、計算量は $O(n)$ です。これを**図 2-2** に示します。

線形探索を実行する関数定義は自明です。データ構造の全要素を調べて、探しているものと等しいかチェックします。次のコードでは Gene と Codon についてコドンを

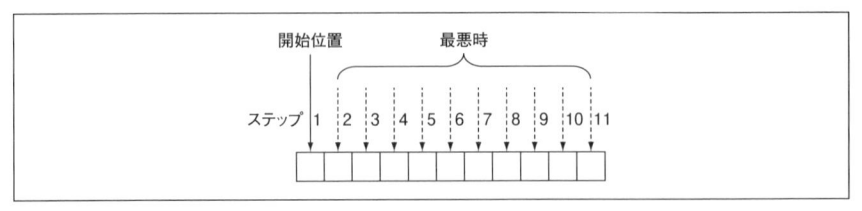

図 2-2 線形探索の最悪時、配列の全要素を順々に調べる

探す関数を定義して、指定したコドン acg と gat を my_gene と Codon について実際に
探します。

例 2-6 dna_search.py 続き

```
def linear_contains(gene: Gene, key_codon: Codon) -> bool:
    for codon in gene:
        if codon == key_codon:
            return True
    return False


acg: Codon = (Nucleotide.A, Nucleotide.C, Nucleotide.G)
gat: Codon = (Nucleotide.G, Nucleotide.A, Nucleotide.T)
print(linear_contains(my_gene, acg))  # True
print(linear_contains(my_gene, gat))  # False
```

 この関数は説明用のものです。Python の組み込みシーケンス型（list. tuple.
range）はすべて __contains__() メソッドを実装しているので、in 演算子を使う
だけで要素の探索ができます。実は、__contains__() を実装している型ならいず
れも in 演算子を使うことができます[†]。例えば、print(acg in my_gene) と書くだ
けで my_gene から acg を探して結果を出力できます。

2.1.3 二分探索

　すべての要素を調べるよりも高速な探索方法がありますが、前もってデータ構造の
順序について知っておく必要があります。データ構造がソートされていて、インデッ
クスで要素にすぐアクセスできるなら、二分探索ができます。この基準に従えば、ソー
ト済みの Python のリストは二分探索の申し分ない候補となります。

---

† 　訳注：リストやタプルの場合は線形探索で $O(n)$、辞書（のキー）と集合はハッシュ検索で $O(1)$ となる（い
　ずれも平均時間計算量）。https://wiki.python.org/moin/TimeComplexity を参照。

　二分探索は、ソート済みの範囲の中央の要素と候補を比較することで範囲を半分に減らして、再度同じプロセスを続けます。具体的な例を考えましょう。

　アルファベット順のリスト ["cat", "dog", "kangaroo", "llama", "rabbit", "rat", "zebra"] から、"rat" という語を探します。

1. 7つの単語の中央は "llama"。
2. "rat" はアルファベット順では "llama" の後ろなので "llama" の後ろ半分のリストにあるはず（このステップで "rat" が見つかったら、その位置を返す。もし、探している単語が中央の単語より前にあるなら、"llama" の前半分のリストにあるはず）。
3. "rat" があるはずの半分のリストについてステップの1と2を繰り返す。この半分が新たな基底リストとなる。ステップ1から3を "rat" が見つかるか、探す範囲に要素がなくなるまで、つまり "rat" がリストの中にないとわかるまで続ける。

　図 2-3 が二分探索の説明です。線形探索と異なり、すべての要素を調べるわけではありません。

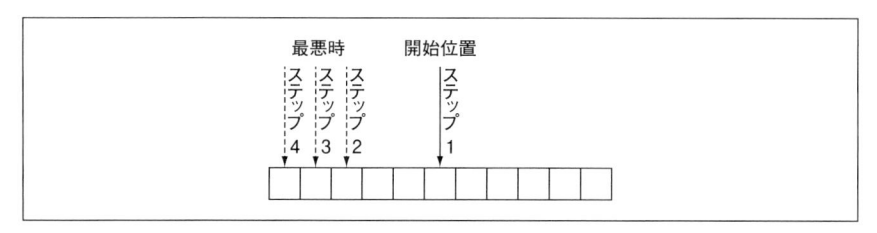

図 2-3　二分探索の最悪時はリストの lg(n) 個の要素を調べる

　二分探索は探索空間を次々に半分に狭めていくので、最悪時の実行時間は $O(\lg n)$ です。ただし、問題点が1つあります。線形探索と異なり、二分探索ではソートされたデータ構造が前提です。そして、ソートには時間がかかります。実際、最善のソートアルゴリズムでも、ソートには $O(n \lg n)$ かかります。探索が1回だけで元のデータ構造がソートされていないなら、線形探索の方が向いています。しかし、探索が多数回行われるなら、ソートのための時間は探索ごとの時間削減で元が取れます。

　遺伝子とコドンの二分探索関数を書くのは、Codon 型の比較ができて Gene 型がリストなので、他のデータ型の二分探索関数と変わりはありません。

例 2-7　dna_search.py 続き

```python
def binary_contains(gene: Gene, key_codon: Codon) -> bool:
    low: int = 0
    high: int = len(gene) - 1
    while low <= high:  # 探索空間がある間
        mid: int = (low + high) // 2
        if gene[mid] < key_codon:
            low = mid + 1
        elif gene[mid] > key_codon:
            high = mid - 1
        else:
            return True
    return False
```

この関数のコードを 1 行ずつ見ていきましょう。

```python
    low: int = 0
    high: int = len(gene) - 1
```

最初にリスト（gene）全体の範囲を設定します。

```python
    while low <= high:
```

探索範囲がある限り探索を続けます。low が high より大きい場合、リストにはもはや探索対象がありません。

```python
    mid: int = (low + high) // 2
```

小学校で学んだ平均の式と整数除算を使って、中央の位置 mid を計算しました。

```python
    if gene[mid] < key_codon:
        low = mid + 1
```

探している要素が範囲の中央の要素より後ろにあるなら、low を現在の中央の要素の次に設定して次のイテレーションの範囲を変更します。これにより次のイテレーションで範囲が半分になります。

```python
    elif gene[mid] > key_codon:
        high = mid - 1
```

同様に、探している要素が範囲の中央の要素より前にあるなら、反対側を半分にします。

```
else:
    return True
```

探している要素が中央の要素より大きくも小さくもないなら、見つかったということです。もし、見つからないでループ範囲が尽きたら、False を返して見つからなかったということを示します（コードは再掲しません）。

この関数を遺伝子とコドンについて実行できますが、忘れずに最初にソートしておきます。

例 2-8　dna_search.py 続き

```
my_sorted_gene: Gene = sorted(my_gene)
print(binary_contains(my_sorted_gene, acg)) # True
print(binary_contains(my_sorted_gene, gat)) # False
```

Python 標準ライブラリの bisect モジュール（https://docs.python.org/ja/3/library/bisect.html）を使って、高性能の二分探索を作ることができます。

2.1.4　ジェネリックな例

linear_contains() と binary_contains() 関数は、ほとんどの Python シーケンスで使えるように一般化できます。この一般化版は名前と型ヒントの変更を除いては、今までのものとほとんど同じです。

次のコードでは型を多数インポートしています。本章のジェネリックな探索アルゴリズムの多くでは generic_search.py ファイルを再利用して、いちいちインポート文を書かずに済むようにしています。

本書を読み進める前に typing_extensions を、読者の Python 環境に応じて pip3 install typing_extensions または pip install typing_extensions によりインストールする必要があります。Python の将来のバージョン[†]では標準ライブラリに含まれる（PEP 544 に規定する）Protocol 型で必要だからです。Python の将来のバージョンでは、from typing_extensions import Protocol ではなく from typing import Protocol を使えるはずです。

---

† 訳注：Python 3.8 で導入される予定。

例 2-9　generic_search.py

```python
from __future__ import annotations
from typing import TypeVar, Iterable, Sequence, Generic, List, Callable, Set, Deque, Dict,
Any, Optional
from typing_extensions import Protocol
from heapq import heappush, heappop


T = TypeVar('T')


def linear_contains(iterable: Iterable[T], key: T) -> bool:
    for item in iterable:
        if item == key:
            return True
    return False


C = TypeVar("C", bound="Comparable")


class Comparable(Protocol):
    def __eq__(self, other: Any) -> bool:
        ...

    def __lt__(self: C, other: C) -> bool:
        ...

    def __gt__(self: C, other: C) -> bool:
        return (not self < other) and self != other

    def __le__(self: C, other: C) -> bool:
        return self < other or self == other

    def __ge__(self: C, other: C) -> bool:
        return not self < other


def binary_contains(sequence: Sequence[C], key: C) -> bool:
    low: int = 0
    high: int = len(sequence) - 1
    while low <= high:  # 探索空間がある間
        mid: int = (low + high) // 2
        if sequence[mid] < key:
            low = mid + 1
```

```
        elif sequence[mid] > key:
            high = mid - 1
        else:
            return True
    return False

if __name__ == "__main__":
    print(linear_contains([1, 5, 15, 15, 15, 15, 20], 5))  # True
    print(binary_contains(["a", "d", "e", "f", "z"], "f"))  # True
    print(binary_contains(["john", "mark", "ronald", "sarah"], "sheila"))  # False
```

これにより探索を他の型のデータで行うことができます。これらの関数はほとんど
の Python のコレクション型で再利用できます。これが、コードをジェネリックに書
く威力です。この例で唯一残念なことは、Comparable クラスで Python の型ヒントの
ためにコードが複雑になったことです。Comparable 型は比較演算子（<, >= など）を
実装する型です。Python の将来バージョンでは、このような一般的な演算子を実装
する型の型ヒントはもっと簡潔になるでしょう。

2.2　迷路の解法　[問題7　迷路を解く]

迷路の解法は、コンピュータサイエンスの探索問題とよく似ています。本節では、
深さ優先探索、幅優先探索、A* 探索の説明のために迷路問題を取り上げます。

この迷路は、Cell の 2 次元グリッドです。Cell は、str 値の Enum です。str 値は、
" " が空スペース、"x" が障害物を表します。迷路の出力では、説明用に他の値も使
います。

例 2-10　maze.py

```
from enum import Enum
from typing import List, NamedTuple, Callable, Optional
import random
from math import sqrt
from generic_search import dfs, bfs, node_to_path, astar, Node


class Cell(str, Enum):
    EMPTY = " "
    BLOCKED = "X"
    START = "S"
    GOAL = "G"
```

```
PATH = "*"
```

今回も多数の型をインポートしています。最後のインポート（`from generic_search`）でまだ定義していないものがあることに注意してください。便宜上含めましたが、使うまではコメントアウトしておいて構いません。

まず迷路の任意の位置を参照する方法が必要です。問題の位置の行と列を表す特性を備えた NamedTuple で行います。

例 2-11　maze.py 続き

```python
class MazeLocation(NamedTuple):
    row: int
    column: int
```

2.2.1　ランダムな迷路の生成

Maze クラスで状態を表す格子（リストのリスト）を内部的に記録します。行の個数、列の個数、スタート地点、ゴールのインスタンス変数があります。格子には障害物セルがランダムに配置されます。

生成された迷路は、障害物があまりないので、スタート地点からゴールまで必ず経路があります（これはアルゴリズムのテスト用です）。後で、迷路作成者が障害物の程度を指定できるようにします。デフォルトでは、20 ％が障害物です。乱数が指定された sparseness パラメータのしきい値を超えると、空きスペースに壁を置きます。迷路のあらゆる場所でこの処理をすると、統計的にはこの迷路の障害物の割合は全体として指定された sparseness パラメータのしきい値になります。

例 2-12　maze.py 続き

```python
class Maze:
    def __init__(self, rows: int = 10, columns: int = 10, sparseness: float = 0.2, start:
MazeLocation = MazeLocation(0, 0), goal: MazeLocation = MazeLocation(9, 9)) -> None:
        # 基本的なインスタンス変数初期化
        self._rows: int = rows
        self._columns: int = columns
        self.start: MazeLocation = start
        self.goal: MazeLocation = goal
        # 空セル設定
        self._grid: List[List[Cell]] = [[Cell.EMPTY for c in range(columns)] for r in
range(rows)]
```

```
    # 障害物設定
    self._randomly_fill(rows, columns, sparseness)
    # スタートとゴール
    self.grid[start.row][start.column] = Cell.START
    self.grid[goal.row][goal.column] = Cell.GOAL

def _randomly_fill(self, rows: int, columns: int, sparseness: float):
    for row in range(rows):
        for column in range(columns):
            if random.uniform(0, 1.0) < sparseness:
                self.grid[row][column] = Cell.BLOCKED
```

迷路ができたので、コンソールにきれいに出力したくなります。本当の迷路に見えるように文字を隙間なく出力します。

例 2-13　maze.py 続き

```
# 出力用にきれいに迷路をフォーマットして返す
def __str__(self) -> str:
    output: str = ""
    for row in self._grid:
        output += "".join([c.value for c in row]) + "\n"
    return output
```

この maze 関数をテストしてみましょう。

```
maze: Maze = Maze()
print(maze)
```

2.2.2　迷路の細部

探索してゴールに到達したかどうかチェックする関数があると便利です。すなわち、探索する MazeLocation がゴールかどうかチェックします。このメソッドを Maze に追加しましょう。

例 2-14　maze.py 続き

```
def goal_test(self, ml: MazeLocation) -> bool:
    return ml == self.goal
```

迷路での動き方はどうすればいいでしょうか。迷路上のある場所から、水平方向または鉛直方向に 1 マスずつ動けることにします。関数 successors() が、指定した

MazeLocation から次に移動できる場所を探します。ただし、どの Maze にもそれぞれ異なるサイズの障害物＝壁があるので、関数 successors() は Maze ごとに異なります。したがって、Maze のメソッドとして次のように定義します。

例 2-15　maze.py 続き

```python
def successors(self, ml: MazeLocation) -> List[MazeLocation]:
    locations: List[MazeLocation] = []
    if ml.row + 1 < self._rows and self._grid[ml.row + 1][ml.column] != Cell.BLOCKED:
        locations.append(MazeLocation(ml.row + 1, ml.column))
    if ml.row - 1 >= 0 and self._grid[ml.row - 1][ml.column] != Cell.BLOCKED:
        locations.append(MazeLocation(ml.row - 1, ml.column))
    if ml.column + 1 < self._columns and self._grid[ml.row][ml.column + 1] !=
        Cell.BLOCKED:
        locations.append(MazeLocation(ml.row, ml.column + 1))
    if ml.column - 1 >= 0 and self._grid[ml.row][ml.column - 1] != Cell.BLOCKED:
        locations.append(MazeLocation(ml.row, ml.column - 1))
    return locations
```

successors() は、MazeLocation の上下左右のマス目に移動できるかどうかをチェックします。もし Maze の端にいる場合、はみ出さないこともチェックします。移動できるとわかった MazeLocation をリストにして最終的にそのリストを呼び出し元に返します。

2.2.3　深さ優先探索

深さ優先探索（DFS：Depth-first search）は、名前通り行き止まりに達して後戻りするまで、探索をどこまでも深く進めていきます。迷路問題を解くジェネリックな深さ優先探索を実装します。これは他の問題でも再利用できます。**図 2-4** に深さ優先探索の途中経過を示します。

スタック

深さ優先探索アルゴリズムは、**スタック**というデータ構造に依存します（[問題5 ハノイの塔]でスタックを理解できた人は、この節は飛ばしても構いません）。スタックは、後入先出法（LIFO）に基づいて操作されるデータ構造です。紙を何枚も重ねたスタックを考えましょう。最後に置かれた紙がスタックから最初に取り出される紙になります。スタックは、リストのような基本データ構造で実装されるのが普通です。

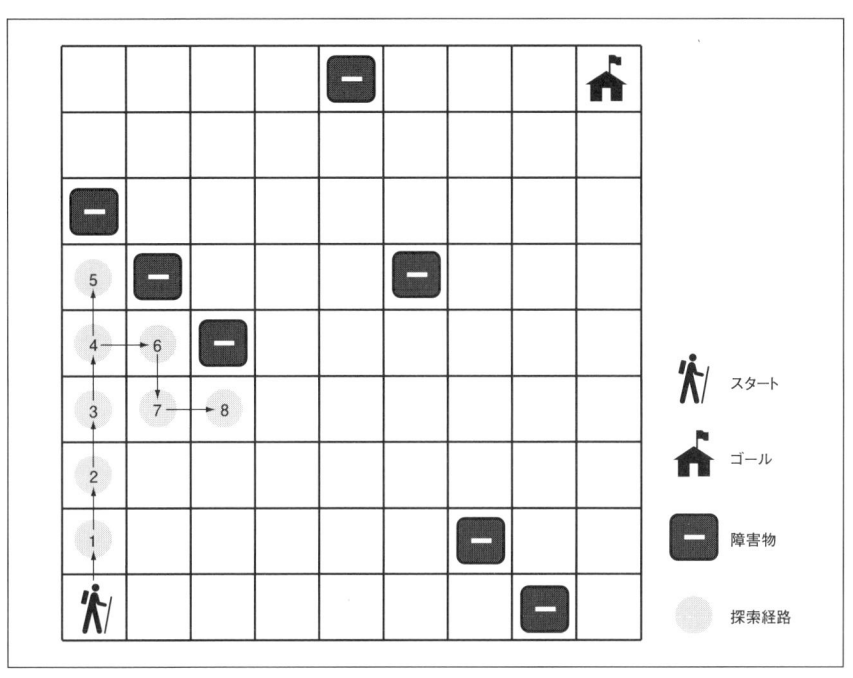

図 2-4　深さ優先探索：探索は壁に突き当たるまで次々とより深い経路を進み、壁に突き当たると直前の決定点まで後戻りする

本書では Python の list 型でスタックを実装します。

スタックは一般に少なくとも次の 2 つの演算を備えています。

- push() 要素をスタックの一番上に置く。
- pop()　スタックの一番上にある要素を取り除いて返す。

この 2 つとスタックが空かどうかをチェックする empty を実装します。generic_search.py ファイルにスタックのコードを追加します。

例 2-16　generic_search.py 続き

```python
class Stack(Generic[T]):
    def __init__(self) -> None:
        self._container: List[T] = []

    @property
    def empty(self) -> bool:
```

```
        return not self._container  # コンテナが空ならば真となる

    def push(self, item: T) -> None:
        self._container.append(item)

    def pop(self) -> T:
        return self._container.pop() # LIFO

    def __repr__(self) -> str:
        return repr(self._container)
```

　Python の list を使ったスタックの実装では、要素を常にその右端に追加し、その右端から要素を取り除くことに注意してください。list の pop() メソッドは、リストに何も要素がないとき失敗するので、Stack の pop() も空だと失敗します。

深さ優先探索（DFS）アルゴリズム

　深さ優先探索を実装する前にもう少し作業が必要です。探索において、現在の状態から次の状態（すなわち、現在の場所から次の場所）の経過を記録するために使う Node クラスが必要です。Node は状態のラッパーだと考えることもできます。この迷路解決問題の場合、状態は MazeLocation 型です。状態が来る元の Node を parent と呼びます。Node クラスには、__lt__() を実装し、cost と heuristic という属性を定義します。後で A* 探索でも使います。

例 2-17　generic_search.py 続き

```
class Node(Generic[T]):
    def __init__(self, state: T, parent: Optional[Node], cost: float = 0.0, heuristic:
        float = 0.0) -> None:
        self.state: T = state
        self.parent: Optional[Node] = parent
        self.cost: float = cost
        self.heuristic: float = heuristic

    def __lt__(self, other: Node) -> bool:
        return (self.cost + self.heuristic) < (other.cost + other.heuristic)
```

> Optional 型はパラメータ化された型の値が変数から参照されること、変数が None を参照している可能性があることを示します。

ファイルの先頭にある from __future__ import annotations により、Node はメソッドの型ヒントで自分自身を参照できます。これがないと、型ヒントを引用符で囲った文字列（例 'Node'）としなければいけません。Python の将来のバージョンでは、この annotations のインポートが不要になります。PEP 563「アノテーションの遅延評価」（http://mng.bz/pgzR）を参照してください。

　深さ優先探索の実行中には、2 つのデータ構造の記録が必要です。1 つは探索している状態（すなわち「places」）のスタックで、これを frontier と呼びます。もう 1 つは、探索済みの状態の集合で explored と呼びます。frontier に未探索状態がある限り、深さ優先探索はそれらがゴールかどうか調べ（ゴールだったらそれを返して停止します）、その次の候補を frontier に追加していきます。探索済みの状態には explored とマークして、探索済みの状態を候補に選んでループすることのないようにします。frontier が空なら、もはや探索するところがないということです。

例 2-18　generic_search.py 続き

```python
def dfs(initial: T, goal_test: Callable[[T], bool], successors: Callable[[T], List[T]]) ->
    Optional[Node[T]]:
    # frontierはまだ行っていないところ
    frontier: Stack[Node[T]] = Stack()
    frontier.push(Node(initial, None))
    # exploredは行ったところ
    explored: Set[T] = {initial}

    # 調べるところがある限り続ける
    while not frontier.empty:
        current_node: Node[T] = frontier.pop()
        current_state: T = current_node.state
        # ゴールに来たら終わり
        if goal_test(current_state):
            return current_node
        # まだ行っていない、次に行くところをチェック
        for child in successors(current_state):
            if child in explored:  # すでに調べた子はスキップ
                continue
            explored.add(child)
            frontier.push(Node(child, current_node))
    return None  # すべて調べたのにゴールはなかった
```

dfs() は成功すると、ゴール状態をカプセル化した Node を返します。スタート地点からゴールまでの経路は、parent 属性を使って Node からその前を逆向きにたどることによって再構成できます。

例 2-19 generic_search.py 続き

```python
def node_to_path(node: Node[T]) -> List[T]:
    path: List[T] = [node.state]
    # 終端から先頭へ逆向きに進む
    while node.parent is not None:
        node = node.parent
        path.append(node.state)
    path.reverse()
    return path
```

出力には、成功した経路、スタート地点、ゴールを表示するのが便利です。さらに、現在の経路を取り除いて、同じ迷路で別の探索アルゴリズムを試すことができるといいでしょう。次の2つのメソッドを、maze.py の Maze クラスに追加しておきます。

例 2-20 maze.py 続き

```python
    def mark(self, path: List[MazeLocation]):
        for maze_location in path:
            self._grid[maze_location.row][maze_location.column] = Cell.PATH
        self._grid[self.start.row][self.start.column] = Cell.START
        self._grid[self.goal.row][self.goal.column] = Cell.GOAL

    def clear(self, path: List[MazeLocation]):
        for maze_location in path:
            self._grid[maze_location.row][maze_location.column] = Cell.EMPTY
        self._grid[self.start.row][self.start.column] = Cell.START
        self._grid[self.goal.row][self.goal.column] = Cell.GOAL
```

長い旅でしたが、迷路を解く準備ができました。

例 2-21 maze.py 続き

```python
if __name__ == "__main__":
    # DFSのテスト
    m: Maze = Maze()
    print(m)
    solution1: Optional[Node[MazeLocation]] = dfs(m.start, m.goal_test, m.successors)
    if solution1 is None:
```

```
        print("No solution found using depth-first search!")
    else:
        path1: List[MazeLocation] = node_to_path(solution1)
        m.mark(path1)
        print(m)
        m.clear(path1)
```

成功すると次のようになります。

```
S****X X
 X  *****
        X*
XX*******X
 X*
 X**X
 X  *****
        *
    X *X
      *G
```

アステリスク（*）がスタートからゴールまで深さ優先探索によって見つかった経路を示します。迷路がランダムに作られるので、すべての迷路に解があるとは限らないことに注意してください。

2.2.4　幅優先探索

深さ優先探索で見つかった解の経路は不自然だと感じたかもしれません。このような解は最短経路でないことが普通です。**幅優先探索**（BFS：Breadth-first search）では、スタートから1つ離れた層ごとに系統的に節点を探索することにより、常に最短経路を求めます。問題によって、深さ優先探索を使った方が先に解を見つけられたり、幅優先探索を使った方が先に解を見つけられたりします。したがって、この2つのどちらを選ぶかは、解を早く見つけることとゴールへの最短経路を見つけることとのトレードオフになります。**図 2-5** は、迷路の幅優先探索による途中経過を示します。

なぜ深さ優先探索が幅優先探索よりも早く結果を返せることがあるのか理解するには、玉ねぎの皮のどこかの層にあるマークを探すことを考えましょう。深さ優先探索では、ナイフを使って玉ねぎの芯に切り込みを入れて、切り出した切れ端のマークを調べます。もしもマークが切れ端のそばにあれば、玉ねぎの皮を1枚ずつ剥いて調べる幅優先探索よりも先にマークを見つけられます。

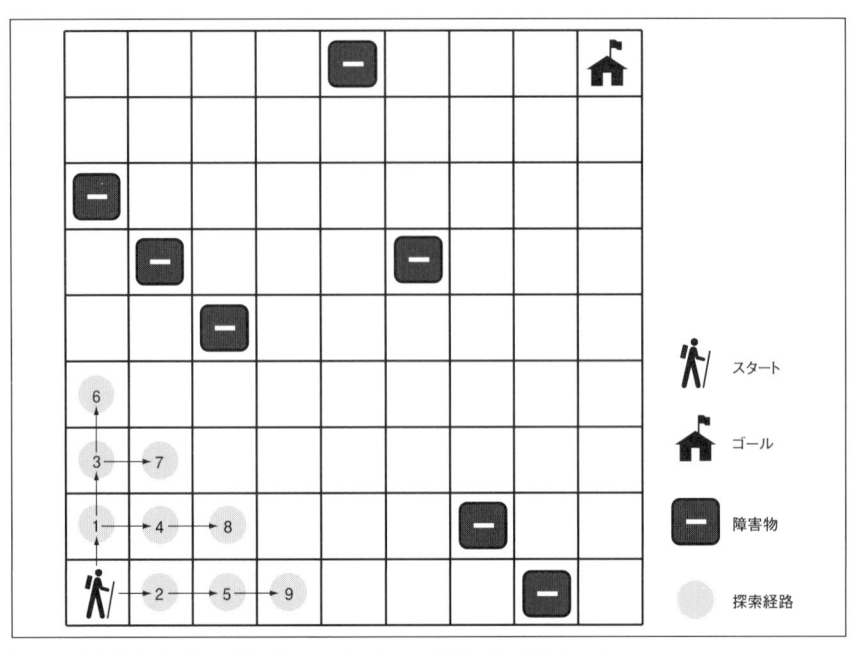

図 2-5　幅優先探索では、開始位置から最も近い位置が最初に探索される

　なぜ幅優先探索で常に最短経路を見つけることができるか、よりわかりやすい例を考えましょう。ボストンからニューヨークまで途中で止まる駅が最も少ない列車の経路を探しましょう。（深さ優先探索のように）同じ方向を進んで行き止まりで後戻りするなら、西海岸のシアトルまで行ってニューヨークに引き返すことになりかねません。幅優先探索なら、まずボストンから1つ先の駅を全部調べます。次に、ボストンから2つ先の駅をすべて調べます。さらに、3つ先の駅を全部調べるというようにして、ニューヨークに着くまで調べていきます。したがって、ニューヨークを見つけたときには、それより少ないボストンからの停車駅にはニューヨークが含まれていなかったのですから、これが最少停車駅の経路だということがわかります。

キュー

　幅優先探索の実装にはキューというデータ構造が必要です。スタックは LIFO ですが、キューは先入先出法（FIFO：First-In-First-Out）です。キューはトイレに並ぶ人の列のようなものです。先頭の人が最初にトイレに行きます。キューは、スタック

同様に push() と pop() というメソッドを最低限持ちますが、動作がスタックと異なります。本書の（Python の deque を用いた）Queue の実装は、Stack の実装と似ていますが、要素の削除が _container の右端ではなく左端から始まることと list ではなく deque（左端が列の先頭になる）を使うところが違います。左端の要素が deque で（到着時間に関して）一番古い要素なので、最初に pop() で取り出されます。

例 2-22　generic_search.py 続き

```python
class Queue(Generic[T]):
    def __init__(self) -> None:
        self._container: Deque[T] = Deque()

    @property
    def empty(self) -> bool:
        return not self._container  # コンテナが空ならば真となる

    def push(self, item: T) -> None:
        self._container.append(item)

    def pop(self) -> T:
        return self._container.popleft()  # FIFO

    def __repr__(self) -> str:
        return repr(self._container)
```

 なぜ Queue の実装には deque を使い、Stack の実装には list を使ったのでしょうか。それは、どこから要素を取り出す（pop）かに関係しています。スタックでは右端に要素を追加し、右端から取り出します。キューでも右端に追加しますが、左端から取り出します。Python の list データ構造は右端からの取り出しは効率的ですが、左端からの取り出しは効率が良くありません。deque ならどちらの端からも効率的に取り出すことができます。結果として、deque には組み込みの popleft() というメソッドがありますが、list にはありません。キューの実装に list を使うこともできますが非効率です。list で左端の要素を取り除くと、残りのリスト要素はすべて 1 つ前に移動する必要があり、効率が良くありません。

幅優先探索（BFS）アルゴリズム

幅優先探索アルゴリズムは、深さ優先探索アルゴリズムとほとんど同じで、frontier がスタックからキューに変わっただけです。スタックからキューに変わったことによって、状態を探索する順序が変わり、スタート状態から近い状態が次に探

索することを保証します。

例 2-23　generic_search.py 続き

```python
def bfs(initial: T, goal_test: Callable[[T], bool], successors: Callable[[T], List[T]]) ->
Optional[Node[T]]:
    # frontierはまだ行っていないところ
    frontier: Queue[Node[T]] = Queue()
    frontier.push(Node(initial, None))
    # exploredは行ったところ
    explored: Set[T] = {initial}

    # 調べるところがある限り続ける
    while not frontier.empty:
        current_node: Node[T] = frontier.pop()
        current_state: T = current_node.state
        # ゴールに到達したら終わり
        if goal_test(current_state):
            return current_node
        # まだ行っていない、次に行くところをチェック
        for child in successors(current_state):
            if child in explored:  # すでに調べた子はスキップ
                continue
            explored.add(child)
            frontier.push(Node(child, current_node))
    return None  # すべて調べたのにゴールはなかった
```

　bfs() を実行すると、迷路で最短経路を常に見つけることがわかります。次のテストは、ファイルでは以前の if __name__ == "__main__": の部分の直後に置かれているので、同じ迷路で深さ優先探索の結果と比較できます。

例 2-24　maze.py 続き

```python
    # BFSのテスト
    solution2: Optional[Node[MazeLocation]] = bfs(m.start, m.goal_test, m.successors)
    if solution2 is None:
        print("No solution found using breadth-first search!")
    else:
        path2: List[MazeLocation] = node_to_path(solution2)
        m.mark(path2)
        print(m)
        m.clear(path2)
```

　同じアルゴリズムでもアクセスするデータ構造を変えただけで、まったく異なる結果が得られるのは驚くべきことです。次の結果は、以前に dfs() で使ったものと同じ迷路を bfs() で使ったものです。アステリスクで示される経路が前より直線的で短くなっています。

```
S    X X
*X
*      X
*XX     X
* X
* X  X
*X
*
*    X  X
*********G
```

2.2.5　A* 探索

　玉ねぎの皮を 1 枚ずつ剥いていくのは時間がかかりますが、幅優先探索も同様に時間がかかります。A* 探索は、幅優先探索と同様、スタートからゴールまでの最短経路を探索します。幅優先探索の実装とは異なり、A* 探索ではコスト関数とヒューリスティック関数を組み合わせてゴールに迅速に到達する経路を探索します。

　コスト関数 $g(n)$ は、ある状態に到達するためにかかったコストを求めます。迷路の場合は、その状態に到達するためのステップ数です。ヒューリスティック関数 $h(n)$ は、ある状態からゴールまでのコストの推定値を求めます。$h(n)$ が適格ヒューリスティックなら、最終的に見つかった経路が最適であることが証明できます。**適格ヒューリスティック**は、ゴールに到達するコストを過大に評価することはありません。2 次元平面では、直線が常に最短経路なので、直線距離ヒューリスティックが適格ヒューリスティックの例になります[†]。

　状態で考慮すべき全体コスト $f(n)$ は $g(n)$ と $h(n)$ の組み合わせです。$f(n) = g(n) + h(n)$ です。frontier から次に行く状態を選ぶとき、A* 探索では $f(n)$ が最小の状態を選びます。これによって、幅優先探索や深さ優先探索に差をつけるのです。

[†]　原注：ヒューリスティックについてさらに学ぶには、Stuart Russell and Peter Norvig 『Artificial Intelligence: A Modern Approach, third edition 』（Prentice Hall、2010）、94 ページ（適格性の項目）を参照（第 2 版の日本語訳は『エージェントアプローチ人工知能 第 2 版』共立出版、2008）

優先度付きキュー

frontier で最小 *f(n)* の状態を取り出すために A* 探索は frontier のデータ構造に**優先度付きキュー**を使います。優先度付きキューでは、取り出す先頭の要素が常に優先度が最大の要素（この場合には、最大優先度の要素の *f(n)* が最小）になるように内部で要素に順序を付けます。通常、これは内部で二分ヒープを使うことを意味し、push に $O(\lg n)$、pop に $O(\lg n)$ かかります。

Python の標準ライブラリには、関数 heappush() と heappop() があり、リストで二分ヒープを構成しています。この標準ライブラリ関数に薄いラッパーをかぶせて優先度付きキューを実装します。PriorityQueue クラスには Stack や Queue クラスと同様に、メソッド push() と pop() があり、heappush() と heappop() を使っています。

例 2-25 generic_search.py 続き

```python
class PriorityQueue(Generic[T]):
    def __init__(self) -> None:
        self._container: List[T] = []

    @property
    def empty(self) -> bool:
        return not self._container  # コンテナが空ならnotでtrue

    def push(self, item: T) -> None:
        heappush(self._container, item)  # 優先度は要素の順序で決定

    def pop(self) -> T:
        return heappop(self._container)  # 優先度順で取り出す

    def __repr__(self) -> str:
        return repr(self._container)
```

ある要素と他の要素との優先度を比較するために、heappush() と heappop() では <演算子を使って比較します。「**2.1.4　ジェネリックな例**」では Node で __lt__() を実装する必要があったのはそのためです。Node 同士の比較では、プロパティ cost と heuristic の和である *f(n)* をそれぞれ比較します。

ヒューリスティック

ヒューリスティックとは、問題解決の方法に対するある種の直感です[†]。迷路問題の場合、ヒューリスティックの目的は、ゴールに到達するため、次に探索する迷路の場所を選ぶことです。言い換えると、推測により frontier の中でゴールに最も近い節点を選ぶことです。すでに述べたように、A* 探索で使うヒューリスティックが比較的正確で適格（決して距離を過大評価しない）なら、A* 探索は最短経路を見つけてくれます。より小さい値を計算するヒューリスティックでは、より多くの状態を探索する羽目になり、正確な実距離に近い（しかし、不適格な過大値にならない）ヒューリスティックは、より少ない状態の探索を実現します。したがって、理想のヒューリスティックは、実距離を上回らないで可能な限り近いものになります。

ユークリッド距離

幾何学で学んだように、2 点の最短経路は直線です。したがって、直線ヒューリスティックが迷路問題で常に適格になるのは筋が通ります。ピタゴラスの定理に従うとユークリッド距離は、$\sqrt{(2点の x 座標の差)^2 + (2点の y 座標の差)^2}$ となります。迷路問題では、x 座標の差は、迷路の 2 地点の列の差で、y 座標の差は、行の差になります。これを maze.py で実装していることに注意してください。

例 2-26　maze.py 続き

```python
def euclidean_distance(goal: MazeLocation) -> Callable[[MazeLocation], float]:
    def distance(ml: MazeLocation) -> float:
        xdist: int = ml.column - goal.column
        ydist: int = ml.row - goal.row
        return sqrt((xdist * xdist) + (ydist * ydist))
    return distance
```

euclidean_distance() は関数を返す関数です。Python のように第一級関数をサポートする言語ではこのような興味深いパターンが可能です。distance() が euclidean_distance() に渡される goal の MazeLocation をキャプチャします。キャプチャとは、distance() が呼び出されるたびに（永久的に）この変数を参照することを意味します。返される関数が goal を使ってその計算をします。このパターンによって、必要なパラメータを少なくした関数を作ることができます。返された

[†]　原注：A* 経路探索のヒューリスティックについてさらに学ぶには、Amit Patel の「Amit's Thoughts on Pathfinding」（http://mng.bz/z7O4）参照

distance() 関数は迷路のスタート地点を引数に取り、ゴールを永久的に「知って」います。

図 2-6 は、マンハッタンの道路のような格子状のところでユークリッド距離を示しています。

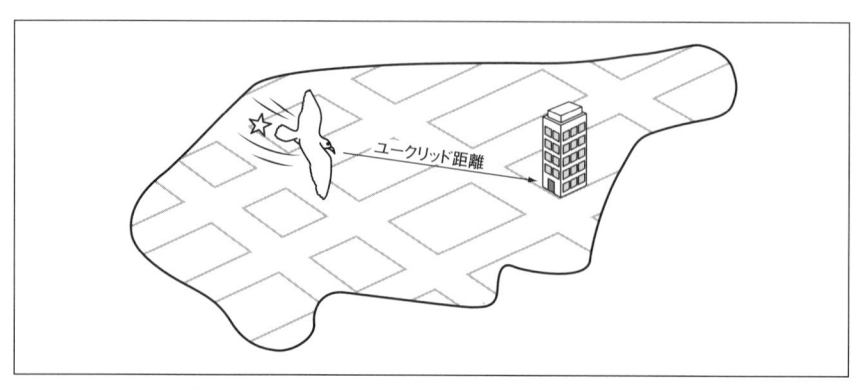

図 2-6 ユークリッド距離はスタートからゴールまでの直線の長さ

マンハッタン距離

ユークリッド距離は大事ですが、この問題（4 方向にしか動けない迷路）の場合にはもっと適した距離があります。マンハッタン距離は、格子状の街路になったニューヨーク市の有名なマンハッタン地区での移動に因んでいます。マンハッタンで移動するには、水平方向に何ブロックか、鉛直方向に何ブロックか歩く必要があります（マンハッタンには斜めの道路がほとんどありません）。マンハッタン距離は、迷路で行と列の差を加えたものです。**図 2-7** がマンハッタン距離を示します。

例 2-27　maze.py 続き

```python
def manhattan_distance(goal: MazeLocation) -> Callable[[MazeLocation], float]:
    def distance(ml: MazeLocation) -> float:
        xdist: int = abs(ml.column - goal.column)
        ydist: int = abs(ml.row - goal.row)
        return (xdist + ydist)
    return distance
```

このヒューリスティックは迷路を実際に進むのをより正確に反映している（対角的に直線を進まず、水平または鉛直に進む）ので、ユークリッド距離よりも迷路の任意

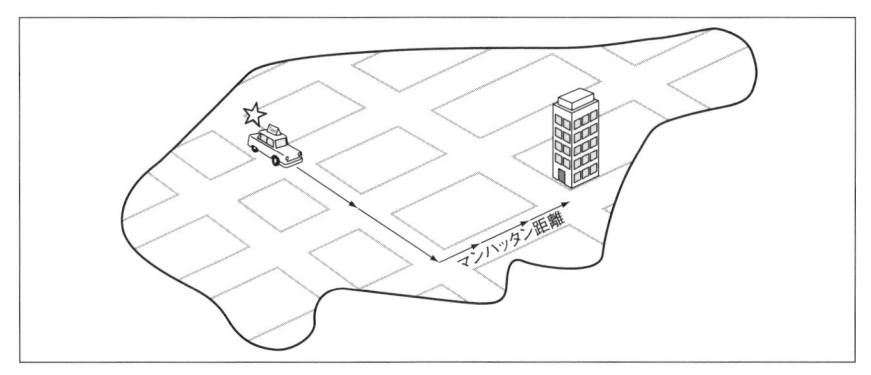

図 2-7　マンハッタン距離。対角線はない。経路は並行か鉛直かの線でしかない

の位置からゴールまでの実際の距離により近いものになります。したがって、A* 探索にマンハッタン距離を使うと、ユークリッド距離を迷路に使う場合よりも少ない状態数で探索する結果になります。マンハッタン距離が 4 方向しか進むことができない迷路で適格（決して距離を過大評価しない）なので、解の経路は最適です。

A* 探索アルゴリズム

　幅優先探索から A* 探索に移行するには、ちょっとした修正をいくつか加えねばなりません。第一に、frontier をキューから優先度付きキューに変更します。frontier から最小の $f(n)$ の節点を pop します。第二に、探索済みの集合を辞書にすることです。辞書で訪問した各節点の最低コスト $g(n)$ の記録が取れます。ヒューリスティック関数を使うので、ヒューリスティックが一貫していないと、同じ節点が 2 度訪問される可能性があります。新たな経路で、以前訪問したときよりもコストが軽減しているノードを見つけたら、新たな経路に変更します。

　単純化のために、関数 astar() は引数にコスト計算関数を取りません。代わりに、迷路では 1 つ動くとコストが 1 だと考えます。新たな Node にはすべてこの単純な式に基づいてコストを割り当て、heuristic() という新たな関数を使ったヒューリスティックスコアを探索関数に引数として渡します。これらの変更を除けば、astar() は bfs() とよく似ています。比べてみてください。

例 2-28 generic_search.py

```python
def astar(initial: T, goal_test: Callable[[T], bool], successors: Callable[[T], List[T]],
          heuristic: Callable[[T], float]) -> Optional[Node[T]]:
    # frontierはまだ行っていないところ
    frontier: PriorityQueue[Node[T]] = PriorityQueue()
    frontier.push(Node(initial, None, 0.0, heuristic(initial)))
    # exploredは行ったところ
    explored: Dict[T, float] = {initial: 0.0}

    # 調べるところがある限り続ける
    while not frontier.empty:
        current_node: Node[T] = frontier.pop()
        current_state: T = current_node.state
        # ゴールに到達したら終わり
        if goal_test(current_state):
            return current_node
        # まだ行っていない、次に行くところをチェック
        for child in successors(current_state):
            new_cost: float = current_node.cost + 1   # 1は格子を仮定。もっと高度なアプリ
                ケーションにはコスト関数が必要

            if child not in explored or explored[child] > new_cost:
                explored[child] = new_cost
                frontier.push(Node(child, current_node, new_cost, heuristic(child)))
    return None   # すべて調べたのにゴールはなかった
```

　おめでとう。ここまで読んだら、迷路の解き方だけでなく、さまざまな探索アプリケーションで使えるジェネリックな探索関数も学べたでしょう。深さ優先探索と幅優先探索は性能が気にならない小さなデータセットと状態空間では問題ありません。場合によると深さ優先探索の方が幅優先探索より性能に優れますが幅優先探索は常に最適解を出すという優位性があります。興味深いのは、幅優先探索も深さ優先探索も同じ実装で、**frontier** がキューかスタックかという違いしかないことです。少々複雑になった A* 探索は、優れた、一貫した適格ヒューリスティックを使って最適経路を求めるだけでなく、幅優先探索より性能に優れます。これら3関数はジェネリックに実装されているので import generic_search とするだけでほとんどどのような探索問題にも使うことができます。

例 2-29　maze.py 続き

```
# A*探索のテスト
distance: Callable[[MazeLocation], float] = manhattan_distance(m.goal)
solution3: Optional[Node[MazeLocation]] = astar(m.start, m.goal_test, m.successors,
    distance)
if solution3 is None:
    print("No solution found using A*!")
else:
    path3: List[MazeLocation] = node_to_path(solution3)
    m.mark(path3)
    print(m)
```

　出力は興味深いことに bfs() と少し異なりますが、bfs() と astar() のどちらも最適経路（長さが同じ）を見つけます。ヒューリスティックのために astar() は直ちにゴールへ向かって対角方向に進みます。最終的には bfs() より探索する状態数が少なく、性能で勝ります。自分で確かめるには、状態数のカウンタを付けると良いでしょう。

```
S**    X X
 X**
   *    X
XX*       X
 X*
 X**X
X  ****
      *
   X * X
     **G
```

2.3　宣教師と食人種（川渡り問題）
［問題8　宣教師と食人種（川渡り問題）］

　3人の宣教師と3人の食人種が川の西岸にいます。2人乗りのカヌーがあり、東岸に渡らねばなりません。食人種の人数はどちらの岸でも宣教師より多くなってはいけません。多くなると宣教師を食ってしまうからです。カヌーで川を渡るには少なくとも1人乗っていなければなりません。どのようにすれば、無事に向こう岸に渡れるでしょうか。図 2-8 にこの問題を示します。

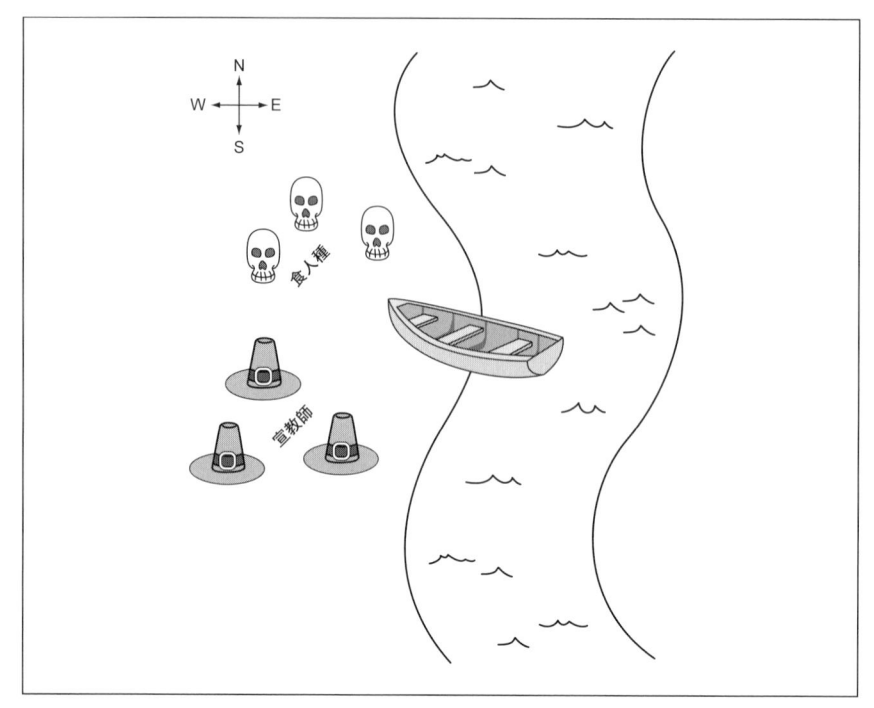

図 2-8 宣教師と食人種は 2 人乗りのカヌーで西岸から東岸に全員渡らねばならない。食人種の人数が宣教師より多ければ宣教師は食べられてしまう

2.3.1 問題の表現

この問題を西岸の状況を記録するデータ構造で表しましょう。西岸には宣教師と食人種は何人いるでしょうか。カヌーは西岸にありますか。これらの情報が得られれば、西岸にいない人は東岸にいるわけですから、東岸に誰がいるかもわかります。

まず、宣教師と食人種の最大人数を記録する便利な変数を作ります。次にメインのクラスを定義します。

例 2-30　missionaries.py

```python
from __future__ import annotations
from typing import List, Optional
from generic_search import bfs, Node, node_to_path

MAX_NUM: int = 3
```

```python
class MCState:
    def __init__(self, missionaries: int, cannibals: int, boat: bool) -> None:
        self.wm: int = missionaries # 西岸の宣教師
        self.wc: int = cannibals # 西岸の食人種
        self.em: int = MAX_NUM - self.wm  # 東岸の宣教師
        self.ec: int = MAX_NUM - self.wc  # 東岸の食人種
        self.boat: bool = boat

    def __str__(self) -> str:       西岸に宣教師と食人種、東岸に宣教師と食人種
        return ("On the west bank there are {} missionaries and {} cannibals.\n"
                "On the east bank there are {} missionaries and {} cannibals.\n"
                "The boat is on the {} bank.")\
            .format(self.wm, self.wc, self.em, self.ec, ("west" if self.boat else "east"))
```

　MCState クラスは、西岸にいる宣教師と食人種の人数とカヌーの位置に基づいて初期化します。後で問題の解を出力する際に使うプリティプリントも備えています。

　これまでの探索関数の枠組みを活用するために、状態が目標状態かどうかをテストする関数と次の状態を見つける関数とを定義しなければなりません。目標確認関数は、迷路のときと同様に、とても簡単です。目標は、宣教師と食人種の全員が東岸にいる状態です。MCState にそのメソッドを追加します。

例 2-31　missionaries.py 続き

```python
    def goal_test(self) -> bool:
        return self.is_legal and self.em == MAX_NUM and self.ec == MAX_NUM
```

　次の状態の関数を作るには、片方の岸から向こう岸に渡るあらゆる可能な動きを調べる必要があります。それから、そのような動きがゲームとして正当な状態になるかどうかをチェックします。正当な状態とは、食人種の方が宣教師より多くならない状態のことです。状態が正当かどうかチェックする（MCState のメソッドとしての）便利なプロパティを定義します。

例 2-32　missionaries.py 続き

```python
    @property
    def is_legal(self) -> bool:
        if self.wm < self.wc and self.wm > 0:
            return False
        if self.em < self.ec and self.em > 0:
            return False
        return True
```

　次の状態を表す successors 関数はわかりやすくするためにやや冗長になっています。カヌーのある岸から川を渡る人のあらゆる組み合わせを試します。可能な動きすべてを追加した後で、リスト内包表記で正当な状態だけをふるいにかけて残します。これも MCState のメソッドです。

例 2-33　missionaries.py 続き

```python
def successors(self) -> List[MCState]:
    sucs: List[MCState] = []
    if self.boat: # カヌーが西岸にあるとき
        if self.wm > 1:
            sucs.append(MCState(self.wm - 2, self.wc, not self.boat))
        if self.wm > 0:
            sucs.append(MCState(self.wm - 1, self.wc, not self.boat))
        if self.wc > 1:
            sucs.append(MCState(self.wm, self.wc - 2, not self.boat))
        if self.wc > 0:
            sucs.append(MCState(self.wm, self.wc - 1, not self.boat))
        if (self.wc > 0) and (self.wm > 0):
            sucs.append(MCState(self.wm - 1, self.wc - 1, not self.boat))
    else: # カヌーが東岸にあるとき
        if self.em > 1:
            sucs.append(MCState(self.wm + 2, self.wc, not self.boat))
        if self.em > 0:
            sucs.append(MCState(self.wm + 1, self.wc, not self.boat))
        if self.ec > 1:
            sucs.append(MCState(self.wm, self.wc + 2, not self.boat))
        if self.ec > 0:
            sucs.append(MCState(self.wm, self.wc + 1, not self.boat))
        if (self.ec > 0) and (self.em > 0):
            sucs.append(MCState(self.wm + 1, self.wc + 1, not self.boat))
    return [x for x in sucs if x.is_legal]
```

2.3.2　解

　問題を解く準備が整いました。探索関数 bfs(), dfs(), astar() を使って問題を解いた際、Node から node_to_path() を使って、解に至った状態のリストを出力したことを思い出しましょう。必要なのは、そのリストを宣教師と食人種の川渡り問題を解くわかりやすいステップとして出力する方法です。

　display_solution() 関数が解の経路を人間にわかりやすいよう出力します。最後

の情報を記録しつつ解の経路の状態すべてを反復処理します。直前の状態と現在処理
している状態の差を調べて、何人の宣教師と食人種が川をどちらの方向に渡っている
かを確認します。

例 2-34　missionaries.py 続き

```python
def display_solution(path: List[MCState]):
    if len(path) == 0: # サニティーチェック
        return
    old_state: MCState = path[0]
    print(old_state)
    for current_state in path[1:]:
        if current_state.boat:
            print("{} missionaries and {} cannibals moved from the east bank to the west
                bank.\n"
                    .format(old_state.em - current_state.em, old_state.ec - current_state.ec))
        else:
            print("{} missionaries and {} cannibals moved from the west bank to the east
                bank.\n"
                    .format(old_state.wm - current_state.wm, old_state.wc - current_state.wc))
        print(current_state)
        old_state = current_state
```

display_solution() は、MCState が __str__() で状態の要約をプリティプリント
できる性質をうまく使います。

最後に、宣教師と食人種問題を実際に解く必要があります。これまでに実装した探
索関数はジェネリックですから、うまく再利用する必要があります。次に示す解では
bfs()（dfs() を使うと同じ値を持つ異なる状態を参照するときに等しいとマークす
る必要があり、astar() ではヒューリスティックが必要になる）を使います。

例 2-35　missionaries.py 続き

```python
if __name__ == "__main__":
    start: MCState = MCState(MAX_NUM, MAX_NUM, True)
    solution: Optional[Node[MCState]] = bfs(start, MCState.goal_test, MCState.successors)
    if solution is None:
        print("No solution found!")
    else:
        path: List[MCState] = node_to_path(solution)
        display_solution(path)
```

　このジェネリックな探索関数の柔軟性は非常に高く、さまざまな問題を簡単に解くことができます。次のような出力（省略してある）が得られます。

```
On the west bank there are 3 missionaries and 3 cannibals.
On the east bank there are 0 missionaries and 0 cannibals.
The boast is on the west bank.
0 missionaries and 2 cannibals moved from the west bank to the east bank.
On the west bank there are 3 missionaries and 1 cannibals.
On the east bank there are 0 missionaries and 2 cannibals.
The boast is on the east bank.
0 missionaries and 1 cannibals moved from the east bank to the west bank.
…
On the west bank there are 0 missionaries and 0 cannibals.
On the east bank there are 3 missionaries and 3 cannibals.
The boast is on the east bank.
```

2.4　実世界での応用

　探索は有用なソフトウェアのすべてで何かしらの役割を担っています。Google 検索、Spotlight、Lucene などの場合では中心的な要素ですし、データストレージの基盤データ構造で使われていることもあります。データ構造に適切な探索アルゴリズムを知っていることが性能を上げるために重要となります。例えば、ソートされたデータ構造では線形探索ではなく二分探索を使うとコストが下がります。

　A* 探索は最も広く使われている経路発見アルゴリズムです。A* 探索より速いのは、探索空間で前もって計算できるアルゴリズムだけです。盲目（ブラインド）探索では、A* 探索があらゆるシナリオで信頼できるので、経路計画からプログラミング言語のパースまであらゆるところで基本的な要素となっています。ほとんどの地図ソフト（例えば Google マップ）は、ナビゲーションに（A* 探索がその一種となる）ダイクストラのアルゴリズムを使っています（4 章でダイクストラのアルゴリズムを学ぶ）。ゲームに AI 的な要素があると人間の介在なしにある地点から別のどこかへの最短経路を見つける必要があり、たいていは A* 探索を使っています。

　幅優先探索と深さ優先探索とは、一様コスト探索やバックトラック探索（次の 3 章で学ぶ）のようなより複雑な探索の基礎となっています。小さなグラフでは、幅優先探索で最短経路が十分に求められます。しかも、より大きなグラフでは、良いヒューリスティックが見つかれば簡単に A* 探索に置き換えることができます。

2.5 練習問題

1. 百万個の数値からなるリストを作り、本章で定義した `linear_contains()` と `binary_contains()` 関数でさまざまな数がリストの中にあるかどうか探す時間を計り、二分探索が線形探索より性能が優れることを示しなさい。

2. `dfs()`, `bfs()`, `astar()` にカウンタを追加して、同じ迷路に対して探索アルゴリズムによりいくつの状態を探索するか調べなさい。統計的に有意な結果を得るために異なる迷路を 100 個作って数えてみなさい。

3. 宣教師と食人種問題を、最初の宣教師と食人種の人数を変えて解きなさい。ヒント：`MCState` の `__eq__()` と `__hash__()` メソッドをオーバライドします。

3章
制約充足問題

　計算ツールを使って解く問題の多くが**制約充足問題**（CSP）に分類できます。制約充足問題は、領域と呼ばれる範囲の値を取る変数と変数間で満たされねばならない制約からなります。核となる**変数**、**領域**、**制約**という3つの概念は簡単に理解でき、一般的なものなので制約充足問題は広範囲に適用できます。

　例題を考えましょう。Joe, Mary, Sue と金曜日にミーティングがあります。Sue は少なくとも誰か他の人と一緒でないと出席できません。このスケジュール問題では、Joe, Mary, Sue が変数です。変数の領域は、空いている時間です。例えば変数 Mary の領域は、2 P.M., 3 P.M., 4 P.M. です。この問題には2つ制約があります。1つは Sue がミーティングに出席すること。もう1つは少なくとも2人はミーティングに出席することです。制約充足問題のソルバーには、この3変数、3領域、2制約が渡され、どうやって解くかを教えられていないのにソルバーが問題を解きます。**図 3-1** では、この問題を説明します。

　Prolog や Picat のようなプログラミング言語には、制約充足問題を解く機能が備わっています。他の言語での通常の技法は、バックトラック探索と探索性能を改善するヒューリスティックを備えたフレームワークを構築することです。本章では、単純な再帰バックトラック探索を用いて制約充足問題を解くフレームワークをまず構築します。それから、このフレームワークを用いてさまざまな例題を解きます。

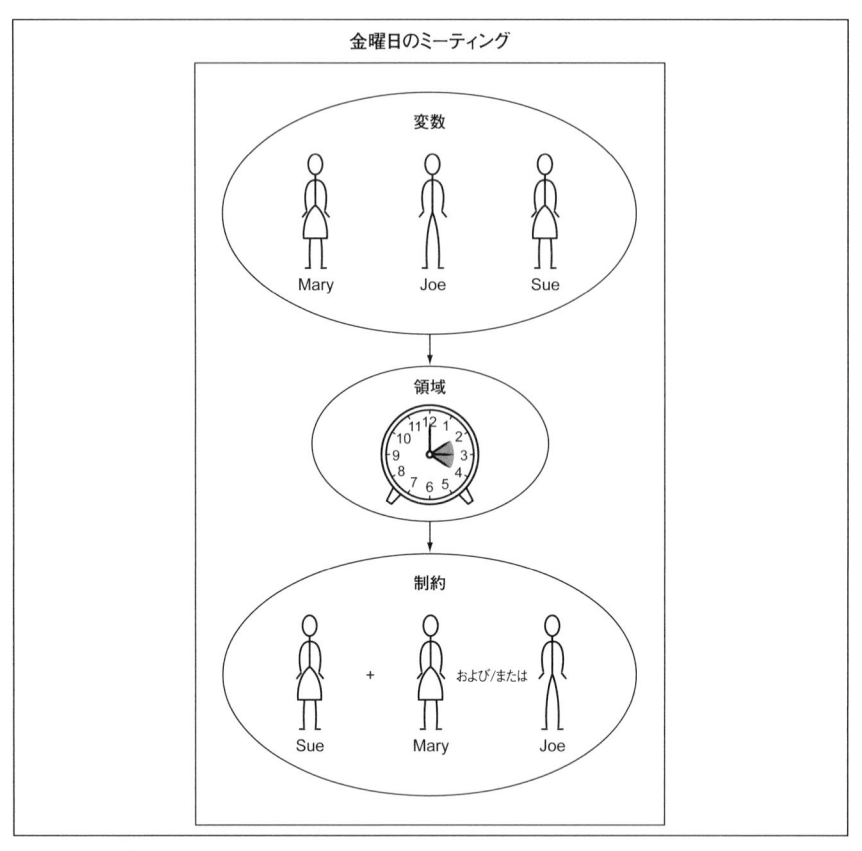

図 3-1　スケジュール問題は制約充足フレームワークの古典的な適用例

3.1　制約充足問題フレームワークの構築
［問題9　制約充足問題フレームワーク］

　制約は Constraint クラスを使って定義します。Constraint には、制約を受ける変数（variables）と制約が満たされているかどうかチェックするメソッド satisfied() があります。制約が充足されているかどうかの決定が制約充足問題定義の主ロジックになります。そして、デフォルト実装をオーバライドしていきます。実際、Constraint クラスを抽象基底クラスで定義するので、実装でオーバライドしなければなりません。抽象基底クラスは、そのままインスタンス化されることはありません。

@abstractmethod をオーバライドして実装したサブクラスが実際には使われます。

例 3-1 csp.py

```python
from typing import Generic, TypeVar, Dict, List, Optional
from abc import ABC, abstractmethod

V = TypeVar('V') # 変数型
D = TypeVar('D') # 領域型


# 全制約の基底クラス
class Constraint(Generic[V, D], ABC):
    # 制約に関わる変数
    def __init__(self, variables: List[V]) -> None:
        self.variables = variables

    # サブクラスでオーバライドしないといけない
    @abstractmethod
    def satisfied(self, assignment: Dict[V, D]) -> bool:
        ...
```

 抽象基底クラスがクラス階層でテンプレートの役割を果たします。C++ のような他の言語では、一般的でよく使われます。実際、Python の開発史においては、比較的新しいものです。すでに Python 標準ライブラリのコレクションクラスの多くが抽象基底クラスを用いて実装されています。一般的に、他の人が使うためのフレームワークを作っているという確信を持てない限りは、内部用のクラス階層に抽象基底クラスを使うべきではありません。抽象基底クラスの情報は、Luciano Ramalho の『Fluent Python』O'Reilly、2016（日本語訳『Fluent Python —— Pythonic な思考とコーディング手法』オライリー・ジャパン、2017）11 章を参照してください。

　制約充足フレームワークの中心は CSP クラスです。CSP が変数、領域、制約をまとめます。型ヒントに関しては、ジェネリックを使ってどんな変数や領域の値（キーを V、領域値を D とする）でも扱える柔軟性を獲得します。CSP の内部においては、variables, domains, constraints というコレクションが期待する型を持ちます。variables コレクションは変数のリスト、domains コレクションは変数を可能な値のリストにマップする辞書（dict）、constraints コレクションは変数をその制約のリストにマップする辞書（dict）となります。

例3-2　csp.py 続き

```python
# 制約充足問題は型Dの領域の型Vの変数と
# 変数の領域選択が正当か決定する制約からなる
class CSP(Generic[V, D]):
    def __init__(self, variables: List[V], domains: Dict[V, List[D]]) -> None:
        self.variables: List[V] = variables # 制約対象変数
        self.domains: Dict[V, List[D]] = domains # 変数の領域
        self.constraints: Dict[V, List[Constraint[V, D]]] = {}
        for variable in self.variables:
            self.constraints[variable] = []
            if variable not in self.domains:
                raise LookupError("Every variable should have a domain assigned to it.")

    def add_constraint(self, constraint: Constraint[V, D]) -> None:
        for variable in constraint.variables:
            if variable not in self.variables:
                raise LookupError("Variable in constraint not in CSP")
            else:
                self.constraints[variable].append(constraint)
```

　特殊メソッド `__init__()` は辞書 constraints を作ります。add_constraint() メ
ソッドは、制約に関するすべての変数を調べて、constraints マッピングに制約を追
加します。両メソッドともエラーチェックの機能を備えていて、variable に領域が
なかったり、constraint が存在しない変数にマッピングしていると例外を起こします。
　ある変数と領域値の組み合わせが制約を満たしているかはどうすればわかるでしょ
うか。そのような組み合わせを「アサインメント」と呼びます。変数のアサインメン
トについて、すべての制約をチェックして、アサインメントでの変数値が制約を満た
すか調べる関数が必要です。CSPのメソッドとして次にconsistent()関数を実装します。

例3-3　csp.py 続き

```python
    # 変数の全制約をチェックして値アサインメントが無矛盾かチェック
    def consistent(self, variable: V, assignment: Dict[V, D]) -> bool:
        for constraint in self.constraints[variable]:
            if not constraint.satisfied(assignment):
                return False
        return True
```

　consistent() は、（常にアサインメントに追加されたばかりの）変数の全制約を調
べて、そのアサインメントで制約が満たされているかチェックします。全制約をア

サインメントが満たしていれば True を返します。制約のいずれかが満たされないと
False を返します。

　制約充足フレームワークでは、単純な**バックトラック**探索を用いて与えられた問題
の解を求めます。バックトラックとは、探索において壁にぶつかると、その壁に到達
する直前の決定点に戻り、別の経路を試すというものです。これが 2 章の深さ優先探
索だと理解できたら上出来です。次の backtracking_search() 関数は、1 章と 2 章の
アイデアを組み合わせたバックトラック探索を実装した再帰深さ優先探索です。この
関数は CSP のメソッドとして追加されています。

例 3-4　csp.py 続き[†]

```python
def backtracking_search(self, assignment: Dict[V, D] = {}) -> Optional[Dict[V, D]]:
    # 全変数がアサインメントされていればアサインメントは完全（基底部）
    if len(assignment) == len(self.variables):
        return assignment

    # アサインメントにないCSPの全変数を取得
    unassigned: List[V] = [v for v in self.variables if v not in assignment]

    # 最初の未アサイン変数の可能領域値すべてを取得
    first: V = unassigned[0]
    for value in self.domains[first]:
        local_assignment = assignment.copy()
        local_assignment[first] = value
        # 矛盾がないなら再帰（継続）
        if self.consistent(first, local_assignment):
            result: Optional[Dict[V, D]] = self.backtracking_search(local_assignment)
            # 結果がNoneだとバックトラック
            if result is not None:
                return result
    return None
```

　backtracking_search() のコードを細かく見ていきましょう。

```python
        if len(assignment) == len(self.variables):
            return assignment
```

再帰探索の基底部は全変数で正当なアサインメントが見つかった場合です。この場

[†]　訳注：デフォルト引数に変更可能なオブジェクト（ミュータブルなオブジェクト）を指定しているが、こ
　　　れは良くない。『Effective Python —— Python プログラムを改良する 59 項目』の「項目 20：動的なデフォ
　　　ルト引数を指定するときには None とドキュメンテーション文字列を使う」を参照。

合は、最初に見つかった正当な解を返し、探索は停止します。

```
unassigned: List[V] = [v for v in self.variables if v not in assignment]
first: V = unassigned[0]
```

探索する領域の変数を新たに選ぶために、変数を順に調べてアサインメントの
ないものを選びます。そのため、リスト内包表記で assignment にはなくて self.
variables にある変数のリストを作り unassigned と呼びます。そして、unassigned
の先頭の値を取り出します。

```
for value in self.domains[first]:
    local_assignment = assignment.copy()
    local_assignment[first] = value
```

この変数のあらゆる可能な領域値に対して、1つずつアサインメントを試します。
新たなアサインメントはローカルな辞書 local_assignment に格納されます。

```
if self.consistent(first, local_assignment):
    result: Optional[Dict[V, D]] = self.backtracking_search(local_assignment)
    if result is not None:
        return result
```

local_assignment の新たなアサインメントが（consistent() でチェックして）全
制約で矛盾がないなら、再帰的に新たなアサインメントを探索していきます。新たな
アサインメントが完全(基底部)なら新たなアサインメントを再帰連鎖の上に返します。

```
return None    # 解がない
```

最終的に、変数のあらゆる領域値を調べて既存のアサインメントで解が見つからな
かったら、None を返し、解がないと示します。これは、バックトラックが再帰連鎖
の上まで戻って来たので、別のアサインメントの可能性を調べることになります。

3.2　オーストラリアの地図の塗り分け問題 [問題10　地図の塗り分け]

　オーストラリアの地図で、州 / 特別地域（まとめて「地域」と呼ぶ）ごとに塗り
分ける課題を考えます。隣接領域の色を変えます。3色で塗り分けられるでしょうか。
　答えはイエスです。自分でやってみましょう（一番簡単なのは白地図を使うこと）。
人間なら、少し調べて試行錯誤してわかるはずです。これは簡単な問題ですが、バッ

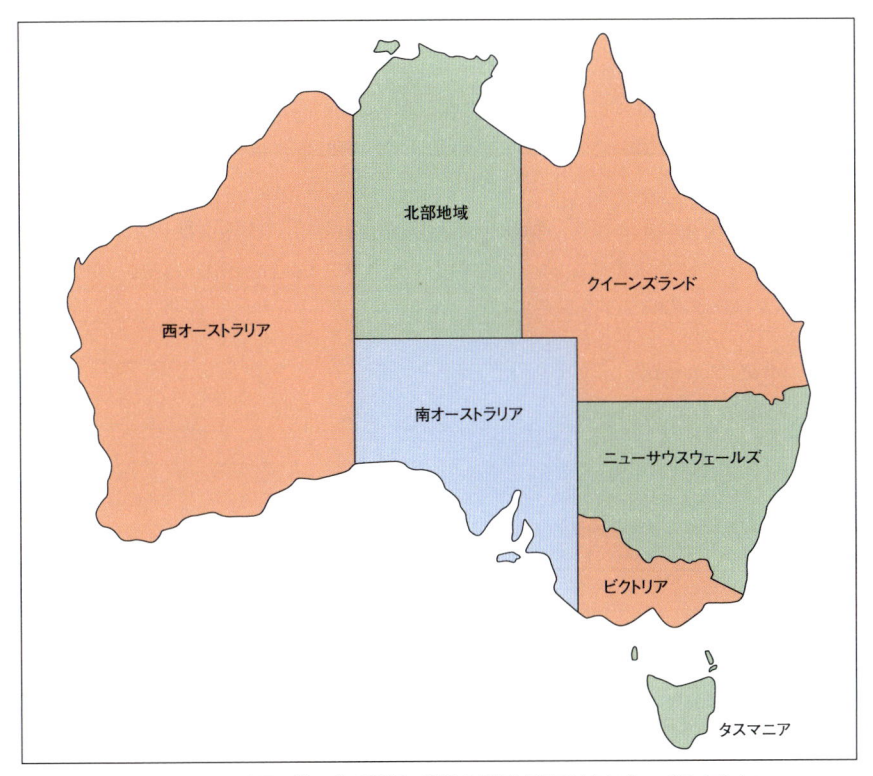

図3-2 オーストラリアの地図の塗り分け問題。隣り合う領域は同じ色になってはならない

クトラック制約充足ソルバーの手始めの問題として適切です。**図3-2** でこの問題を説明します。

　この問題を制約充足問題としてモデル化するには、変数、領域、制約を定義する必要があります。変数はオーストラリアの7つの地域、西オーストラリア、北部地域、南オーストラリア、クイーンズランド、ニューサウスウェールズ、ビクトリア、タスマニアです。制約充足問題では、これらを文字列でモデル化します。変数の領域は、3つの異なる色（赤、緑、青）です。今回の制約は、難しい部分です。隣り合う地域は同じ色ではないため、制約は互いに隣り合う地域に依存します。いわゆる二値制約（2変数間の制約）を使います。境界を接するどの2つの地域も同じ色に塗られることがないという二値制約を取ります。

　この二値制約をコード化するには、Constraint クラスのサブクラスが必要です。

サブクラス MapColoringConstraint は、コンストラクタに境界を接する地域という 2 変数を取ります（二値制約のため）。オーバライドした satisfied() メソッドは、まず 2 つの地域に領域値（色）が割り当てられているかチェックします。どちらかが未割り当てだと制約は満たされます（色がなければ同じ色にはならない）。次に、2 つの地域が同じ色かチェックします（同じ色なら制約に違反）。

クラス全体を次に示します。MapColoringConstraint そのものは型ヒントに関してジェネリックではありませんが、ジェネリッククラス Constraint の変数と領域が型 str のパラメータ化サブクラスです。

例 3-5　map_coloring.py

```python
from csp import Constraint, CSP
from typing import Dict, List, Optional


class MapColoringConstraint(Constraint[str, str]):
    def __init__(self, place1: str, place2: str) -> None:
        super().__init__([place1, place2])
        self.place1: str = place1
        self.place2: str = place2

    def satisfied(self, assignment: Dict[str, str]) -> bool:
        # どちらの場所もアサインメントにないと、色は矛盾しない
        if self.place1 not in assignment or self.place2 not in assignment:
            return True
        # place1の色がplace2の色と異なるかチェック
        return assignment[self.place1] != assignment[self.place2]
```

 super() はスーパークラスのメソッドを呼び出すのにも使われますが、Constraint.__init__([place1, place2]) のようにクラスそのものの名前を使うこともできます。これは、特に多重継承を扱う場合に、どのスーパークラスのメソッドを呼び出しているかわかっている場合に使います。

地域間の制約を実装する方法がわかったので、オーストラリアの地図塗り分け問題を CSP ソルバーで解くには、領域と変数を与えてから、制約を追加するだけで済みます。

例3-6 map_coloring.py 続き

```python
if __name__ == "__main__":
    variables: List[str] = ["Western Australia", "Northern Territory", "South Australia",
                            "Queensland", "New South Wales", "Victoria", "Tasmania"]
    domains: Dict[str, List[str]] = {}
    for variable in variables:
        domains[variable] = ["red", "green", "blue"]
    csp: CSP[str, str] = CSP(variables, domains)
    csp.add_constraint(MapColoringConstraint("Western Australia", "Northern Territory"))
    csp.add_constraint(MapColoringConstraint("Western Australia", "South Australia"))
    csp.add_constraint(MapColoringConstraint("South Australia", "Northern Territory"))
    csp.add_constraint(MapColoringConstraint("Queensland", "Northern Territory"))
    csp.add_constraint(MapColoringConstraint("Queensland", "South Australia"))
    csp.add_constraint(MapColoringConstraint("Queensland", "New South Wales"))
    csp.add_constraint(MapColoringConstraint("New South Wales", "South Australia"))
    csp.add_constraint(MapColoringConstraint("Victoria", "South Australia"))
    csp.add_constraint(MapColoringConstraint("Victoria", "New South Wales"))
    csp.add_constraint(MapColoringConstraint("Victoria", "Tasmania"))
```

最後に、解を求めるために backtracking_search() を呼び出します。

例3-7 map_coloring.py 続き

```python
    solution: Optional[Dict[str, str]] = csp.backtracking_search()
    if solution is None:
        print("No solution found!")
    else:
        print(solution)
```

正解は、全地域に色を割り当てます。

```
{'Western Australia': 'red', 'Northern Territory': 'green', 'South Australia':
'blue', 'Queensland': 'red', 'New South Wales': 'green', 'Victoria': 'red',
'Tasmania': 'green'}
```

3.3 8クイーン問題 [問題11 8クイーン]

　チェス盤は、8×8の四角い格子状になっています。クイーンはチェスの駒で縦横斜めに何マスでも進めます。クイーンは1手で相手の駒のところに移動できるなら、その駒を取れますが、間に駒があると飛び越すことはできません（言い換えると、間に他の駒があればそれを取れます）。8クイーン問題とは、チェス盤の上に8つのク

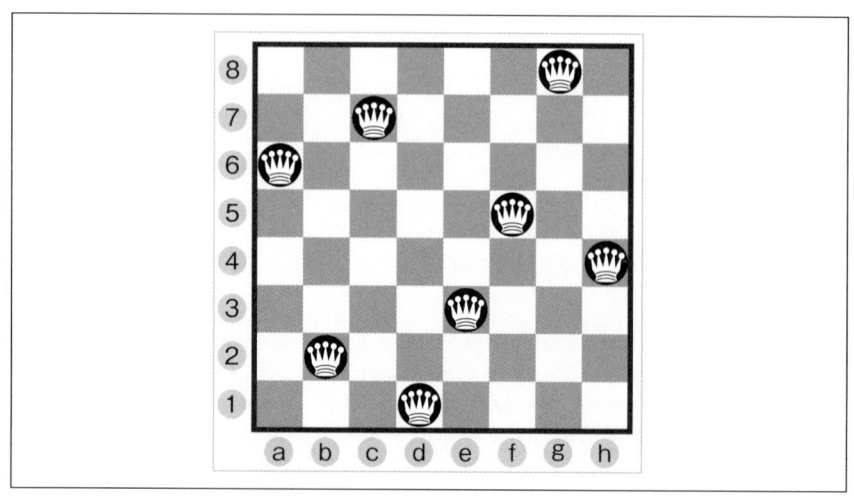

図 3-3　8 クイーン問題の解（複数解）では、どのクイーンも取り合わない

イーンの駒を互いに取り合わないようにどうすれば配置できるかという問題です。問題を**図 3-3** で説明します。

　チェス盤のマス目は整数で行と列を表します。8 つのクイーンが同じ列上にないようにするため、列 1 から列 8 まで順に割り当てます。制約充足問題の変数は、各列のクイーンで、領域値が行（1 から 8）です。この制約充足問題の変数はクイーンのある列です。領域はクイーンのある行（1 から 8）です。次のコードはこれらの変数と領域を定義するもので、ファイル末尾に書かれています。

例 3-8　queens.py

```python
if __name__ == "__main__":
    columns: List[int] = [1, 2, 3, 4, 5, 6, 7, 8]
    rows: Dict[int, List[int]] = {}
    for column in columns:
        rows[column] = [1, 2, 3, 4, 5, 6, 7, 8]
    csp: CSP[int, int] = CSP(columns, rows)
```

　問題を解くには、クイーンの行や対角方向に 2 つクイーンがない（そもそも別の列にある）という制約を満たす必要があります。同じ行にないかは簡単ですが、対角方向にはちょっと計算する必要があります。列の差と行の差とが同じだと対角方向で重なってしまいます。QueensConstraint のどこでこれらがチェックされているかわか

るでしょうか。

次のコードは queen.py ファイルの先頭部分です。

例3-9　queens.py 続き

```
from csp import Constraint, CSP
from typing import Dict, List, Optional


class QueensConstraint(Constraint[int, int]):
    def __init__(self, columns: List[int]) -> None:
        super().__init__(columns)
        self.columns: List[int] = columns

    def satisfied(self, assignment: Dict[int, int]) -> bool:
        for q1c, q1r in assignment.items(): # q1c = クイーン1の列, q1r = クイーン1の行
            for q2c in range(q1c + 1, len(self.columns) + 1): # q2c = クイーン2の列
                if q2c in assignment:
                    q2r: int = assignment[q2c] # q2r = クイーン2の行
                    if q1r == q2r: # 同じ行?
                        return False
                    if abs(q1r - q2r) == abs(q1c - q2c): # 対角方向?
                        return False
        return True # 矛盾しない
```

　残っているのは、制約の追加と探索の実行です。今度は queen.py ファイルの後半部分です。

例3-10　queens.py 続き

```
    csp.add_constraint(QueensConstraint(columns))
    solution: Optional[Dict[int, int]] = csp.backtracking_search()
    if solution is None:
        print("No solution found!")
    else:
        print(solution)
```

　地図の塗り分けで作った充足制約問題解決フレームワークを完全に異なる問題にも簡単に再利用できます。これがジェネリックなコードの威力です。アルゴリズムは、特定アプリケーション用に性能最適化する場合を除けば、可能な限り幅広く活用できるように実装すべきです。

　正解は、クイーンをすべての行と列に置きます。

```
{1: 1, 2: 5, 3: 8, 4: 6, 5: 3, 6: 7, 7: 2, 8: 4}
```

3.4　単語探し　[問題12　単語探し]

　単語探しパズルとは、マス目に文字を配置して、その中に隠されている単語を行、列、対角方向に探し出す問題です。このパズルを解く人は、マス目上を注意して調べていきます。単語をマス目上に配置する場所を探し出すのは、制約充足問題の一種です。変数が単語で領域は単語の位置です。この問題を**図 3-4** で説明します。

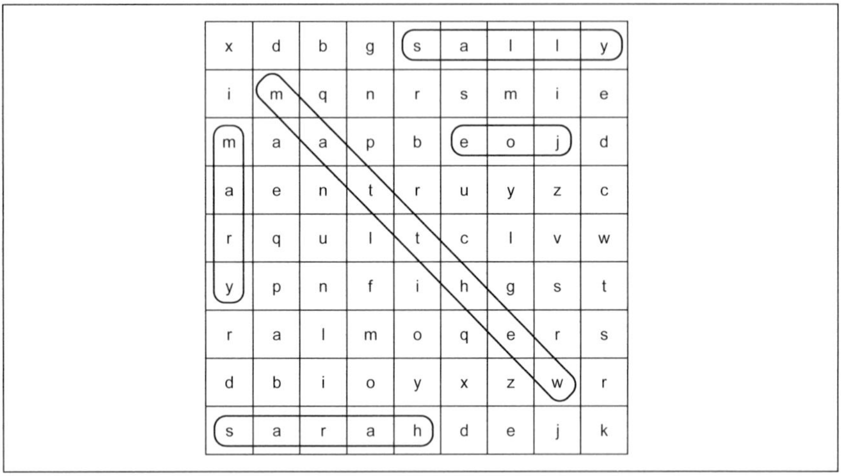

図 3-4　子ども用の本でよく登場する古典的な単語探し

　便宜上、この単語探しでは単語の重複を含めません。練習問題として、重なりを認めるように拡張してください。

　この単語探しのマス目は、2章の迷路と共通するところがあります。次のようなデータ型にはおなじみのものもあるはずです。

例 3-11　word_search.py

```python
from typing import NamedTuple, List, Dict, Optional
from random import choice
from string import ascii_uppercase
from csp import CSP, Constraint
```

```
Grid = List[List[str]]  # マス目の型エイリアス


class GridLocation(NamedTuple):
    row: int
    column: int
```

　最初に、英語のアルファベット（ascii_uppercase）でマス目を埋めます。このマス目を出力する関数も必要です。

例 3-12　word_search.py 続き

```
def generate_grid(rows: int, columns: int) -> Grid:
    # マス目をランダムに文字で初期化
    return [[choice(ascii_uppercase) for c in range(columns)] for r in range(rows)]


def display_grid(grid: Grid) -> None:
    for row in grid:
        print("".join(row))
```

　マス目のどこに単語があるか見つけるために、その領域を生成します。単語の領域とは、文字の可能な位置のリストのリスト（List[List[GridLocation]]）です。単語の位置は限られています。マス目の境界を越えない行、列、対角線内です。言い換えると、マス目の境界を越えるわけにはいけません。generate_domain() の目的は、すべての単語についてリストを構築することです。

例 3-13　word_search.py 続き

```
def generate_domain(word: str, grid: Grid) -> List[List[GridLocation]]:
    domain: List[List[GridLocation]] = []
    height: int = len(grid)
    width: int = len(grid[0])
    length: int = len(word)
    for row in range(height):
        for col in range(width):
            columns: range = range(col, col + length + 1)
            rows: range = range(row, row + length + 1)
            if col + length <= width:
                # 左から右へ
                domain.append([GridLocation(row, c) for c in columns])
                # 対角に右下へ
                if row + length <= height:
```

```
                    domain.append([GridLocation(r, col + (r - row)) for r in rows])
        if row + length <= height:
            # 上から下へ
            domain.append([GridLocation(r, col) for r in rows])
            # 対角に左下へ
            if col - length >= 0:
                domain.append([GridLocation(r, col - (r - row)) for r in rows])
return domain
```

　単語の取れる位置（縦、横、斜め）の範囲は、リスト内包表記でクラスコンストラクタを使い、GridLocation のリストに解釈します。generate_domain() が左上から右下まですべてのマス目をループして単語を探索しますので、計算は膨大になります。もっと効率的に行う方法を考えられますか。ループの中で、同じ長さの単語を一度に探すようにしたらどうでしょうか。

　解の候補が正しいものかどうかチェックするために、単語探しでの制約を自分で定義して実装しなければなりません。WordSearchConstraint の satisfied() メソッドは、単語の占める位置が他の単語の位置と重なっていないかどうかだけを調べます。そのために Python の set（集合）を使います。list を set に変換すると、重複がすべて取り除かれます。変換した集合の中の要素の個数が、元のリストの要素の個数より少なければ、元のリストには重複した要素があったのです。このチェック用データを作るために、それぞれの単語の位置の複数のサブリストを結合して、1つの大きな位置のリストを作るかなり複雑なリスト内包表記を使います。

例 3-14　word_search.py 続き

```
class WordSearchConstraint(Constraint[str, List[GridLocation]]):
    def __init__(self, words: List[str]) -> None:
        super().__init__(words)
        self.words: List[str] = words

    def satisfied(self, assignment: Dict[str, List[GridLocation]]) -> bool:
        # マス目の位置に重複があれば冗長
        all_locations = [locs for values in assignment.values() for locs in values]
        return len(set(all_locations)) == len(all_locations)
```

　最終的に、実行の準備が整いました。この例題では、9×9 のマス目に 5 つの単語があります。得られる解は、単語とその位置のマッピングで、単語の文字はマス目に収まっています。

例 3-15　word_search.py 続き

```python
if __name__ == "__main__":
    grid: Grid = generate_grid(9, 9)
    words: List[str] = ["MATTHEW", "JOE", "MARY", "SARAH", "SALLY"]
    locations: Dict[str, List[List[GridLocation]]] = {}
    for word in words:
        locations[word] = generate_domain(word, grid)
    csp: CSP[str, List[GridLocation]] = CSP(words, locations)
    csp.add_constraint(WordSearchConstraint(words))
    solution: Optional[Dict[str, List[GridLocation]]] = csp.backtracking_search()
    if solution is None:
        print("No solution found!")
    else:
        for word, grid_locations in solution.items():
            # ランダムリバースで時間半減
            if choice([True, False]):
                grid_locations.reverse()
            for index, letter in enumerate(word):
                (row, col) = (grid_locations[index].row, grid_locations[index].column)
                grid[row][col] = letter
        display_grid(grid)
```

　マス目に単語を埋めるところでは、最終調整を行います。単語はランダムに逆方向も許されています。これは、重複が禁止されているだけなので、正しい配置です。最終的な問題の出力は下記のようになります。Matthew, Joe, Mary, Sarah, Sally が見つかったでしょうか。

```
LWEHTTAMJ
MARYLISGO
DKOJYHAYE
IAJYHALAG
GYZJWRLGM
LLOTCAYIX
PEUTUSLKO
AJZYGIKDU
HSLZOFNNR
```

3.5　SEND＋MORE＝MONEY　[問題13　覆面算]

　SEND＋MORE＝MONEY は覆面算です。つまり、数式が成り立つように文字に数字を当てはめます。文字は数字（0〜9）を表します。複数の文字が同じ数字を表

すことはありません。文字が複数出現するところには、同じ数字が来ます。

　手計算では、下のような式にすると解きやすくなります。

```
    SEND
   +MORE
   =MONEY
```

　これは、直感を働かせ少し計算すれば解くことができます。力任せで解く簡単なプログラムで人間より速く計算します。SEND + MORE = MONEY を制約充足問題として表しましょう。

例 3-16　send_more_money.py

```python
from csp import Constraint, CSP
from typing import Dict, List, Optional


class SendMoreMoneyConstraint(Constraint[str, int]):
    def __init__(self, letters: List[str]) -> None:
        super().__init__(letters)
        self.letters: List[str] = letters

    def satisfied(self, assignment: Dict[str, int]) -> bool:
        # 値が重複していると解とはならない
        if len(set(assignment.values())) < len(assignment):
            return False

        # 全変数値が決まったら正しいかチェック
        if len(assignment) == len(self.letters):
            s: int = assignment["S"]
            e: int = assignment["E"]
            n: int = assignment["N"]
            d: int = assignment["D"]
            m: int = assignment["M"]
            o: int = assignment["O"]
            r: int = assignment["R"]
            y: int = assignment["Y"]
            send: int = s * 1000 + e * 100 + n * 10 + d
            more: int = m * 1000 + o * 100 + r * 10 + e
            money: int = m * 10000 + o * 1000 + n * 100 + e * 10 + y
            return send + more == money
        return True # 矛盾しない
```

　SendMoreMoneyConstraint の satisfied() メソッドではいくつかのことを行います。第1に、異なる文字が同じ数字を表さないかチェックします。そんなことがあれば不当な解で False を返します。第2に、すべての文字に数字が割り当てられているかチェックします。そうなっていれば、式（SEND + MORE = MONEY）が成り立つかどうかチェックします。成り立てば、解が見つかりましたので True を返します。そうでなければ False を返します。最後に、すべての文字に数字がまだ割り当てられていなければ、True を返します。これは、部分解の作業がまだ進行していることを保証します。

　実行してみましょう。

例 3-17　send_more_money.py 続き

```python
if __name__ == "__main__":
    letters: List[str] = ["S", "E", "N", "D", "M", "O", "R", "Y"]
    possible_digits: Dict[str, List[int]] = {}
    for letter in letters:
        possible_digits[letter] = [0, 1, 2, 3, 4, 5, 6, 7, 8, 9]
    possible_digits["M"] = [1]  # 0で始まる解は出ない
    csp: CSP[str, int] = CSP(letters, possible_digits)
    csp.add_constraint(SendMoreMoneyConstraint(letters))
    solution: Optional[Dict[str, int]] = csp.backtracking_search()
    if solution is None:
        print("No solution found!")
    else:
        print(solution)
```

　文字 M に解の候補を前もって割り当てていることに気付くはずです。これは M の解の候補に 0 が含まれないようにするためです。数が 0 から始まらないことが制約に入っていないからです。

　解は次のようになります。

```
{'S': 9, 'E': 5, 'N': 6, 'D': 7, 'M': 1, 'O': 0, 'R': 8, 'Y': 2}
```

3.6　回路レイアウト　[問題14　回路レイアウト]

　最近の製造業では、長方形の回路基板に長方形のチップを配置する必要があります。本質的に、この問題は「サイズが異なる複数の長方形が他の長方形の内部にピッタリ収まるか」ということです。制約充足問題ソルバーを使って解を見つけます。問題を

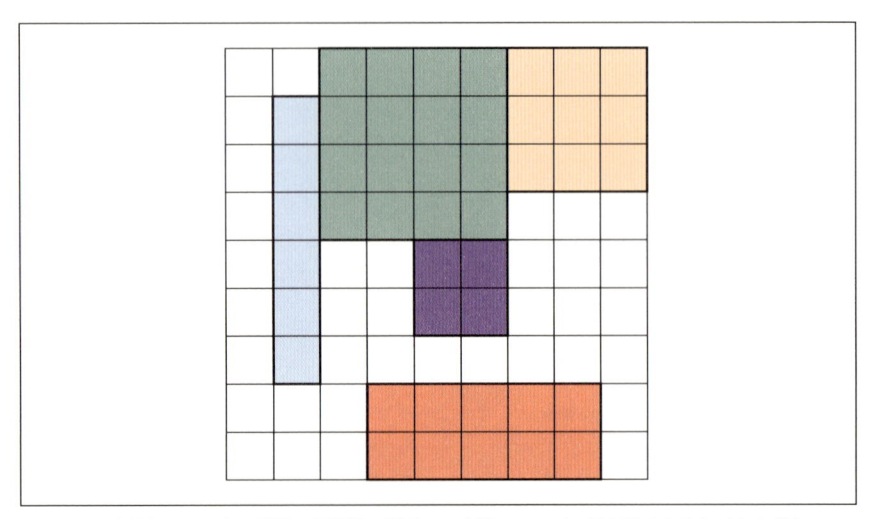

図 3-5 回路基板レイアウト問題は単語探し問題によく似ているが、長方形は大きさがさまざま

図 3-5 で説明します。

　回路基板レイアウト問題は単語探し問題によく似ています。$1 \times N$ 長方形（単語）ではなく、$M \times N$ 長方形を扱います。単語探し問題と同様、長方形は重なってはいけません。また、長方形は斜めには置けません。その意味では単語探しより簡単です。

　自分で、単語探しの解を書き換えて回路基板レイアウトを解くよう試してください。グリッドのコードを含めてコードの多くが再利用できます。

3.7　実世界での応用

　本章の冒頭で述べたように、充足問題ソルバーはスケジューリングに広く使われています。変数はミーティングの出席者です。領域はカレンダーの空き時間です。制約には、ミーティングに出席する人々が含まれます。

　制約充足問題ソルバーはモーション問題にも使われます。トンネルの内部でロボットアームを動かす必要がある場合を考えてください。制約はトンネル内の壁、変数はロボットのジョイント、領域はジョイントの可能な動きです。

　計算生物学への応用もあります。化学反応を起こす分子間の制約問題です。もちろん、AI でも制約充足問題は広く使われており、ゲームへの応用もあります。数独ソルバーを練習問題にしましたが、多くの論理パズルが制約充足問題ソルバーで解くこ

とができます。

　本章では、単純なバックトラック型深さ優先探索による問題解決フレームワークを構築しました。直感を使ったヒューリスティックを追加することで探索プロセスを大いに改善できます。A* 探索を思い出しましょう。**制約伝播**というバックトラックの新たな技法も実世界での応用で効率を上げる可能性があります。Stuart Russell と Peter Norvig の『Artificial Intelligence: A Modern Approach, third edition』(Prentice Hall、2010) の第 6 章を参照してください。

3.8　練習問題

1. WordSearchConstraint を改良して、文字が重なってもエラーが出ないようにしなさい。

2. [問題14　回路レイアウト]で記述した回路基板レイアウト問題ソルバーを、まだ作っていなければ作りなさい。

3. 本章の制約充足問題フレームワークを使って数独問題を解くプログラムを作りなさい†。

---

† 　訳注：Srini Devadas『Programming for the Puzzled: Learn to Program While Solving Puzzles』MIT Press、2017 (日本語訳『問題解決の Python プログラミング —— 数学パズルで鍛えるアルゴリズム的思考』オライリー・ジャパン、2018) では Python で数独を解くプログラム例や変形問題を扱っている。

4章
グラフ問題

グラフは、実世界の問題を連結された節点の集合に分解してモデル化する抽象的な数学的構造です。グラフの**節点**（vertex）は**辺**（edge）で連結されます。例えば、地下鉄の路線図は、輸送網を表すグラフと考えられます。点（節点）が駅を、線（辺）が駅の間の経路を表します。

これがどれほど便利でしょうか。グラフを使うと、問題を抽象的に考えられるだけでなく、高性能探索や最適化技法を適用できるようになります。例えば、地下鉄の例では、2つの駅の間の最短経路問題、あるいは、全部の駅を結ぶのに必要な最小運行問題があります。本章で学ぶグラフアルゴリズムは、これらの問題を解くことができます。さらに、グラフアルゴリズムは、輸送網だけでなく、あらゆるネットワーク問題に使われます。例えば、コンピュータネットワーク、分散ネットワーク、ユーティリティネットワークを扱えます。これらの探索および最適化問題はすべてグラフ問題として解くことができます。

4.1　グラフとしての地図

本章では地下鉄の駅の路線図ではなく、米国の都市とその間の経路を扱います。図4-1 は、米国本土の地図に米国国勢調査による米国大都市統計地域（MSA）の 15 番目までの都市を示しています[†]。

[†]　原注：データは United States Census Bureau の「American Fact Finder」（https://factfinder.census. gov/）による。

図 4-1　米国の最大 MSA の 15 都市

　有名な起業家のイーロン・マスクは、高圧チューブでカプセル輸送をする高速輸送網を提案しています。カプセルは時速 700 マイル（約 1,127 キロ）で移動するので 900 マイル以内の都市間交通として費用対効果が高いと主張しています。彼はこの輸送システムを「ハイパーループ」と呼んでいます。本章では、この輸送網を構築する文脈で古典的なグラフ問題を検討します。

　マスクは当初ロサンゼルスとサンフランシスコを結ぶハイパーループを提案していました。全米ネットワークを構築するなら、米国の MSA 間を結べべきです。**図 4-2** では、**図 4-1** にあった州の境界線を外しました。さらに、MSA を隣接 MSA と結びました。このグラフで興味深いのは、結ばれているのが一番近い MSA に限らないことです。

　図 4-2 は、米国の最大 MSA の 15 都市の節点とハイパーループの設置候補のルートを表す辺のグラフです。ルートは説明しやすいように選んだだけです。新たなハイパーループネットワークには他のルートも可能です。

　この実世界問題の抽象表現でグラフの威力が示されます。抽象的になったので、米国の地理を無視して都市間を結ぶという文脈だけでハイパーループネットワークに考えを集中することができます。実際、辺の長さを変えずに、別なものに見える問題を

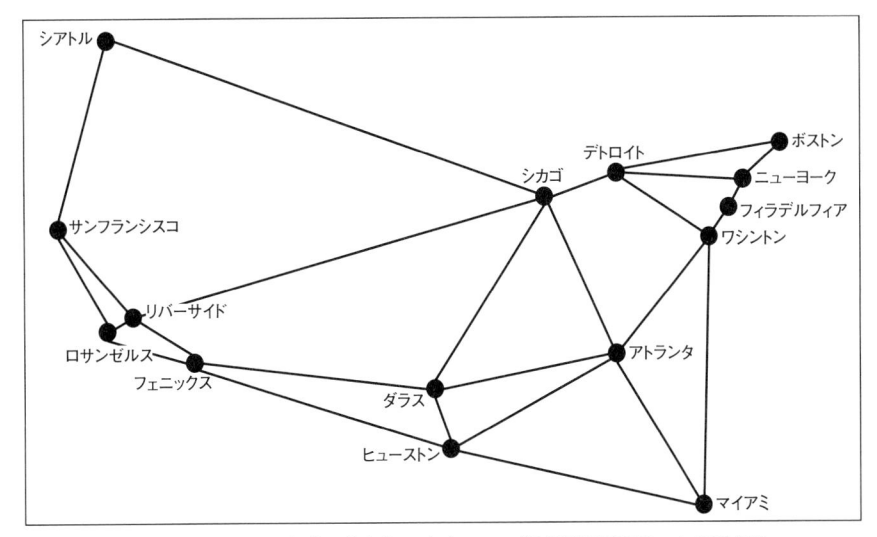

図 4-2　米国の最大 MSA の 15 都市の節点とハイパーループの設置候補のルートを表す辺

扱うことができます。図 4-3 ではマイアミの位置が変更されています。図 4-3 のグラフも抽象表現なので、マイアミの位置が普通のところとは違っていますが、図 4-2 のグラフ同様にこの基本的な計算問題を扱うことができます。ただし、混乱を避けるために図 4-2 の方を使います。

4.2　グラフのフレームワークを作る
[問題15　グラフのフレームワーク]

Python ではさまざまなスタイルでプログラムを組むことができます。しかし、本質的には、Python はオブジェクト指向プログラミング言語です。本節では、重み付きと重みなしの2種類のグラフを定義します。本章の後半で説明する重み付きグラフでは、各辺に重み（この例での長さのような数値）があります。

Python のオブジェクト指向クラス階層の基盤である継承モデルを使って、作業が無駄に重複しないようにします。データモデルの重み付きクラスは重みなしクラスのサブクラスです。これによって、重みなしグラフの機能の多くを継承しながら、異なる機能だけを重み付きグラフに追加できます。

このグラフフレームワークをできる限り柔軟なものにして、できる限り多くのさま

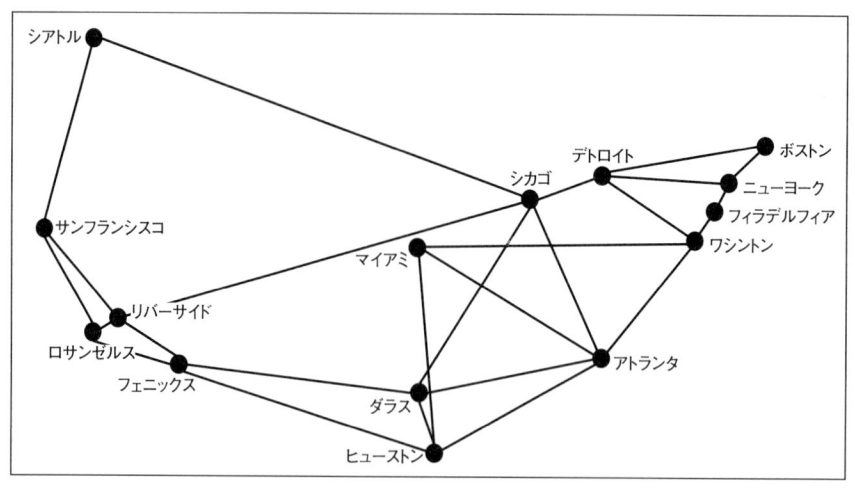

図 4-3　マイアミの位置が異なるが、図 4-2 と等価なグラフ

ざまな問題を表せるようにします。そのために節点の種類を抽象化してジェネリック
なものにします。どの節点も最終的には整数インデックスを割り当てますが、ユーザ
定義のジェネリックな型に格納します。

　グラフフレームワークの中で最も単純な Edge クラスの定義から始めます。

例 4-1　edge.py

```python
from __future__ import annotations
from dataclasses import dataclass


@dataclass
class Edge:
    u: int #  "from" 節点
    v: int #  "to" 節点

    def reversed(self) -> Edge:
        return Edge(self.v, self.u)

    def __str__(self) -> str:
        return f"{self.u} -> {self.v}"
```

Edge は、整数で表された 2 つの節点の連結として定義します。通常、u を第 1 節点、v を第 2 節点に使います。u を "from"、v を "to" と考えることもできます。本章では**無向グラフ**（辺が両方向を許すグラフ）だけを扱いますが、**有向グラフ**（ダイグラフとも言う）では辺は一方向だけになります。reversed() メソッドは、逆方向の辺を返します。

> Edge クラスは Python 3.7 の新機能であるデータクラスを使っています。@dataclass デコレータのあるクラスでは、クラス本体の型アノテーションで宣言された変数についてインスタンス変数を初期化する __init__() メソッドなどを自動的に作ることにより、面倒な作業を省きます。自動的に作られる特殊メソッドは、デコレータで指定できます。詳細はデータクラスのドキュメント（https://docs.python.org/ja/3/library/dataclasses.html）を参照してください。データクラスにより、タイピングの手間が省くことができます。

Graph クラスはグラフの基本的な役割、節点と辺の関連付けを果たします。この場合も、節点の実際の型はフレームワークのユーザが指定できます。そのために、すべてをまとめる中間的なデータ構造を必要としない広範囲の問題を扱えるようにフレームワークを使います。例えば、ハイパーループのようなグラフでは、「New York」や「Los Angeles」のような文字列を節点に使うので、節点の型として str を定義できるようにします。

例 4-2　graph.py

```python
from typing import TypeVar, Generic, List, Optional
from edge import Edge


V = TypeVar('V') # グラフの節点の型


class Graph(Generic[V]):
    def __init__(self, vertices: List[V] = []) -> None:
        self._vertices: List[V] = vertices
        self._edges: List[List[Edge]] = [[] for _ in vertices]
```

_vertices リストは、Graph の核心です。節点はすべて、このリストに格納され、後でリストの整数インデックスを使って参照されます。節点そのものは複合データ型の場合もありますが、インデックスは常に int 型で扱いが簡単です。他方では、グラ

フアルゴリズムと _vertices 配列との間にインデックスを設定するとき、同じグラフの中で複数の節点が等しくなることがあります（国内の都市を節点にしたグラフの場合、「Springfield」という名前の都市が複数ある場合）。このような場合、同じ名前であっても異なる整数値をインデックスに指定しなければなりません。

　グラフのデータ構造の実装には複数の方式がありますが、最もよく使われるのは、**隣接行列**と**隣接リスト**の2種類です。隣接行列では、行列の各要素はグラフの2つの節点の交わりを表し、その値は辺があるかないかを示します。本節のグラフのデータ構造には隣接リストを使います。このグラフ表現では、各節点が連結している節点のリストを持ちます。本書の表現では、辺のリストのリストを使うので、どの節点にも辺のリストがあり、節点はその辺で他の節点と連結しています。 _edges がそのリストのリストです。

　Graph クラスの残りの部分を次に示します。短い、ほとんどは1行のメソッドが使われていて、メソッド名からそれが何をするかがわかると思います。それでも短いコメントを付けて、誤解のないようにしています。

例4-3　graph.py 続き

```python
    @property
    def vertex_count(self) -> int:
        return len(self._vertices) # 節点の個数

    @property
    def edge_count(self) -> int:
        return sum(map(len, self._edges)) # 辺の個数

    # インデックスを返す
    def add_vertex(self, vertex: V) -> int:
        self._vertices.append(vertex)
        self._edges.append([]) # 辺を保持する空リストの追加
        return self.vertex_count - 1 # 追加した節点のインデックスを返す

    # 無向グラフなので辺は両方向を追加
    def add_edge(self, edge: Edge) -> None:
        self._edges[edge.u].append(edge)
        self._edges[edge.v].append(edge.reversed())

    # 節点のインデックスを使って辺を追加（簡易メソッド）
    def add_edge_by_indices(self, u: int, v: int) -> None:
        edge: Edge = Edge(u, v)
```

```python
        self.add_edge(edge)

    # 節点のインデックスを使って辺の追加（簡易メソッド）
    def add_edge_by_vertices(self, first: V, second: V) -> None:
        u: int = self._vertices.index(first)
        v: int = self._vertices.index(second)
        self.add_edge_by_indices(u, v)

    # インデックスで節点を求める
    def vertex_at(self, index: int) -> V:
        return self._vertices[index]

    # グラフの節点のインデックスを求める
    def index_of(self, vertex: V) -> int:
        return self._vertices.index(vertex)

    # インデックスで示す節点が連結している節点を求める
    def neighbors_for_index(self, index: int) -> List[V]:
        return list(map(self.vertex_at, [e.v for e in self._edges[index]]))

    # 節点のインデックスから隣接点を求める（簡易メソッド）
    def neighbors_for_vertex(self, vertex: V) -> List[V]:
        return self.neighbors_for_index(self.index_of(vertex))

    # インデックスで示す節点の全辺を返す
    def edges_for_index(self, index: int) -> List[Edge]:
        return self._edges[index]

    # 節点のインデックスから辺を返す（簡易メソッド）
    def edges_for_vertex(self, vertex: V) -> List[Edge]:
        return self.edges_for_index(self.index_of(vertex))

    # グラフのプリティプリントを行う
    def __str__(self) -> str:
        desc: str = ""
        for i in range(self.vertex_count):
            desc += f"{self.vertex_at(i)} -> {self.neighbors_for_index(i)}\n"
        return desc
```

少し戻って、このクラスのほとんどのメソッドがなぜ2種類あるのかを考えてみましょう。クラス定義から、_vertices リストの要素が型 V の要素のリストであることがわかっています。V は Python のクラスなら何でも構いません。_vertices リストには型 V の節点が格納されています。しかし、後でそれを取り出したり、操作

しようとすると、リストのどこに格納されているのかを覚えておかなくてはいけません。どの節点にも配列内のインデックス（整数）があります。インデックスがわからなかったら、_vertices を探索してインデックスを見つける必要があるので、2種類のメソッドが存在するのです。1種類が int のインデックスに作用し、もう1種類が V そのものに作用します。V に作用するメソッドは、インデックスを見つけて、インデックスに基づく関数を呼び出します。したがって、簡易メソッドだと考えることができます。

　ほとんどの関数はあえて説明するまでもないでしょうが、neighbors_for_index()は、少し説明しておく価値があります。これは節点の**隣接点**を返します。隣接点とは1つの辺で直接連結している節点のことです。例えば、**図4-2** では、ニューヨークとワシントンだけがフィラデルフィアの隣接点です。節点の隣接点は、その節点から出ているすべての辺の反対側の節点です。

```
def neighbors_for_index(self, index: int) -> List[V]:
    return list(map(self.vertex_at, [e.v for e in self._edges[index]]))
```

_edges[index] が隣接リストで、対象節点と他の節点とを連結する辺のリストです。上の map() 呼び出しで渡されているリスト内包表記の e は1つの辺を、e.v はその辺で連結している隣接節点のインデックスを表します。map() は、（節点のインデックスではなく）全節点そのものを返します。map() がすべての e.v に vertex_at() メソッドを適用するからです。

　もう1つの重要なことは add_edge() の実行方式です。add_edge() は最初に「from」節点（u）の隣接リストに辺を追加し、それから「to」節点（v）の隣接リストに向きが反対の辺を追加します。この第2のステップはこのグラフが無向グラフなので必要です。すべての辺を全方向で、すなわち u が v の隣接点であることは v が u の隣接点であるというように追加します。無向グラフは「両方向」と考えることもでき、その方が連結する節点を両方向に結ぶと覚えやすいかもしれません。

```
def add_edge(self, edge: Edge) -> None:
    self._edges[edge.u].append(edge)
    self._edges[edge.v].append(edge.reversed())
```

　既に述べたように、本章では無向グラフだけを扱います。グラフは有向であるか無向であるかの他に、重み付きであるか重みなしであるかがあります。重み付きグラフは、比較可能な値、通常は数値を辺に関連付けたものです。ハイパーループネットワー

クの例では、駅間の距離を辺に関連付けたものです。しかし、当面は重みなしグラフを扱います。重みなしの辺は 2 節点間の連結に過ぎず、Edge クラスも重みなしで、Graph クラスも重みなしです。別の言い方では、重みなしグラフではどの節点が連結しているかだけがわかり、重み付きグラフではどの節点が連結しているかだけでなく、その連結について何ごとかを知ることができます。

4.2.1　辺とグラフの処理

　Edge と Graph の実装ができたので、実際にハイパーループネットワークを表現することができます。city_graph の節点と辺が**図 4-2** に表されている節点と辺に対応します。ジェネリックを使い、節点を型 str（Graph[str]）にします。言い換えると、型変数 V に型 str が割り当てられます。

例 4-4　graph.py 続き

```python
if __name__ == "__main__":
    # 基本グラフ構成をテスト
    city_graph: Graph[str] = Graph(["Seattle", "San Francisco", "Los Angeles", "Riverside",
        "Phoenix", "Chicago", "Boston", "New York", "Atlanta", "Miami",
        "Dallas", "Houston", "Detroit", "Philadelphia", "Washington"])

    city_graph.add_edge_by_vertices("Seattle", "Chicago")
    city_graph.add_edge_by_vertices("Seattle", "San Francisco")
    city_graph.add_edge_by_vertices("San Francisco", "Riverside")
    city_graph.add_edge_by_vertices("San Francisco", "Los Angeles")
    city_graph.add_edge_by_vertices("Los Angeles", "Riverside")
    city_graph.add_edge_by_vertices("Los Angeles", "Phoenix")
    city_graph.add_edge_by_vertices("Riverside", "Phoenix")
    city_graph.add_edge_by_vertices("Riverside", "Chicago")
    city_graph.add_edge_by_vertices("Phoenix", "Dallas")
    city_graph.add_edge_by_vertices("Phoenix", "Houston")
    city_graph.add_edge_by_vertices("Dallas", "Chicago")
    city_graph.add_edge_by_vertices("Dallas", "Atlanta")
    city_graph.add_edge_by_vertices("Dallas", "Houston")
    city_graph.add_edge_by_vertices("Houston", "Atlanta")
    city_graph.add_edge_by_vertices("Houston", "Miami")
    city_graph.add_edge_by_vertices("Atlanta", "Chicago")
    city_graph.add_edge_by_vertices("Atlanta", "Washington")
    city_graph.add_edge_by_vertices("Atlanta", "Miami")
    city_graph.add_edge_by_vertices("Miami", "Washington")
    city_graph.add_edge_by_vertices("Chicago", "Detroit")
```

```
city_graph.add_edge_by_vertices("Detroit", "Boston")
city_graph.add_edge_by_vertices("Detroit", "Washington")
city_graph.add_edge_by_vertices("Detroit", "New York")
city_graph.add_edge_by_vertices("Boston", "New York")
city_graph.add_edge_by_vertices("New York", "Philadelphia")
city_graph.add_edge_by_vertices("Philadelphia", "Washington")
print(city_graph)
```

city_graph は型 str の節点を持ち、各節点は MSA における名前を使って表します。city_graph に辺を追加する順序は問題ではありません。うまくグラフを出力するように __str__() を実装したので、グラフのプリティプリントができます。次のような出力が得られるはずです。

```
Seattle -> ['Chicago', 'San Francisco']
San Francisco -> ['Seattle', 'Riverside', 'Los Angeles']
Los Angeles -> ['San Francisco', 'Riverside', 'Phoenix']
Riverside -> ['San Francisco', 'Los Angeles', 'Phoenix', 'Chicago']
Phoenix -> ['Los Angeles', 'Riverside', 'Dallas', 'Houston']
Chicago -> ['Seattle', 'Riverside', 'Dallas', 'Atlanta', 'Detroit']
Boston -> ['Detroit', 'New York']
New York -> ['Detroit', 'Boston', 'Philadelphia']
Atlanta -> ['Dallas', 'Houston', 'Chicago', 'Washington', 'Miami']
Miami -> ['Houston', 'Atlanta', 'Washington']
Dallas -> ['Phoenix', 'Chicago', 'Atlanta', 'Houston']
Houston -> ['Phoenix', 'Dallas', 'Atlanta', 'Miami']
Detroit -> ['Chicago', 'Boston', 'Washington', 'New York']
Philadelphia -> ['New York', 'Washington']
Washington -> ['Atlanta', 'Miami', 'Detroit', 'Philadelphia']
```

4.3 最短経路の発見 [問題16 グラフの最短経路]

ハイパーループは非常に高速で移動時間が短くなるので、都市間の距離はそれほど問題にならないですが、ある都市から目的の都市まで途中にいくつ都市を経由するか（何都市を訪問しなければならないか）が問題になります。途中の各駅で待ち時間が入るので、飛行機の場合と同様、経由地が少ない方が良いのです。

グラフ理論では、2節点を連結する辺集合を「経路」と言います。言い換えると、経路とはある節点から他の節点に至る手順です。ハイパーループネットワークの文脈では、チューブ（辺）集合が都市（節点）間の経路を表します。節点間の最適経路は最もよく知られたグラフ問題の1つです。

　節点のリストを辺で逐次的に連結して経路と考えることができます。この記述は実際、これまでの記述とは反対から見たものです。辺のリストに対して、つないでいる節点のリストを代わりに使うようなものです。この簡単な例でも、ハイパーループで2都市間を連結する節点のリストを使います。

4.3.1　再び幅優先探索（BFS）

　無向グラフでは最短経路とは、始節点から終節点への辺の個数が最も少ない経路を指します。ハイパーループにおいて最短経路を作るには、人口の多い離れた沿岸都市間をまず結ぶことに意義がありそうです。これは、「ボストンとマイアミの最短経路は何か」という質問に通じます。

　本節は2章を読んでいることを前提にしています。読み進める前に2章の幅優先探索の内容を理解しておきましょう。

　幸いなことに、最短経路のアルゴリズムはわかっているので、それを再利用してこの質問に答えることができます。2章の幅優先探索が、迷路と同様にグラフでも使えます。実際、2章の迷路もグラフの一種です。節点は迷路の中の位置で、辺は、ある位置から別の位置への移動です。重みなしグラフでは、幅優先探索で2節点間の最短経路が見つかります。

　2章で実装した幅優先探索を再利用して、Graph に使うことができます。実際、変更を加えずに再利用できます。これがコードをジェネリックにする威力です。

　2章の bfs() には、次の3つのパラメータが必要でした。スタート地点、ゴールであるかを調べる Callable（関数型オブジェクト）、および、与えられた状態の次の状態を見つける Callable です。この例では、初期状態は文字列「Boston」で表される節点です。目標達成検査は節点が「Miami」と等価かチェックするラムダ式です。次の状態すなわち次の節点は Graph メソッド neighbors_for_vertex() で生成されます。

　したがって、city_graph でボストンとマイアミ間の最短経路を求める処理をgraph.py の main() のコードの末尾に追加します。

 例4-5では bfs, Node, node_to_path が2章のパッケージの generic_search モジュールからインポートされます。そのために、graph.py の親ディレクトリを Python の探索パス（'..'）に追加します。これは、本書のリポジトリのコード構造が各章をディレクトリにしているからです。つまり、Book → Chapter2 → generic_search.py や Book → Chapter4 → graph.py のような構造になっています。ユーザのディレクトリ構造が大幅に異なっている場合は自分のパスに generic_search.py を追加し、import 文を書き換える必要があります。最悪の場合は、generic_search.py を graph.py と同じディレクトリにコピーして、インポート文を from generic_search import bfs, Node, node_to_path にする必要があります。

例4-5 graph.py 続き

```python
# 2章の幅優先探索を city_graph に再利用
import sys
sys.path.insert(0, '..') # 親ディレクトリの2章のパッケージにアクセスできるようにする
from Chapter2.generic_search import bfs, Node, node_to_path

bfs_result: Optional[Node[V]] = bfs("Boston", lambda x: x == "Miami",
    city_graph.neighbors_for_vertex)
if bfs_result is None:
    print("No solution found using breadth-first search!")
else:
    path: List[V] = node_to_path(bfs_result)
    print("Path from Boston to Miami:")
    print(path)
```

出力は次のようになります。

```
Path from Boston to Miami:
['Boston', 'Detroit', 'Washington', 'Miami']
```

ボストンからデトロイト、ワシントンを経てマイアミと3つの辺からなるのがボストンとマイアミの間で辺の個数が最少という意味での最短経路です。**図 4-4** はこの経路を太い線でハイライトしています。

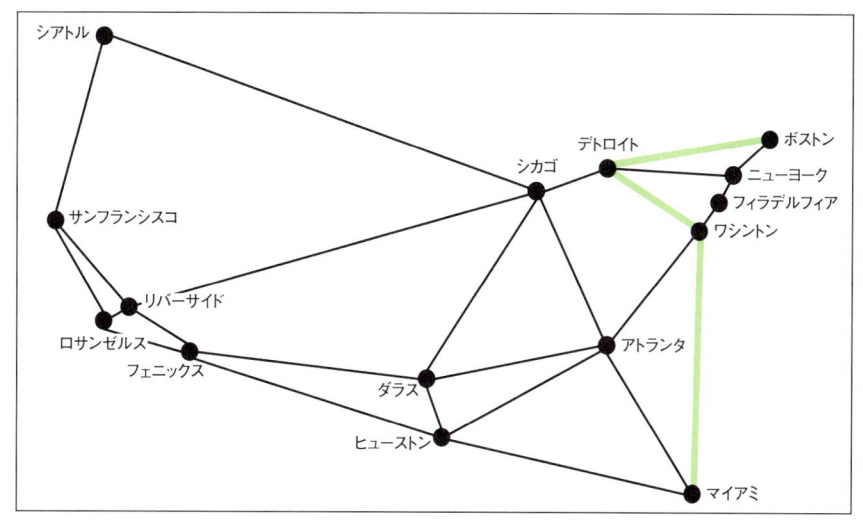

図 4-4　ボストンとマイアミの間で辺の個数が最少という意味での最短経路のハイライト

4.4　ネットワーク構築コストの最小化 [問題17 最小被覆木]

　ハイパーループネットワークでは最大 MSA の 15 都市をすべて連結したいとします。目標は、そのネットワークを作るコストを最小化すること、すなわち、最小総路線長でネットワークを作ることです。課題は、「どのようにすれば最小総路線長ですべての MSA をつなぐことができるでしょうか」です。

4.4.1　重みの処理

　ある辺に必要な総路線長を理解するには、辺が表す距離を知る必要があります。これは、重みという概念を再度導入する良い機会です。ハイパーループネットワークでは、辺の重みはそれが連結する 2 つの MSA の間の距離です。**図 4-5** は**図 4-2** と同じものですが、各辺に 2 節点間の距離をマイルで表した重みがついています。

　重みを扱うには Edge のサブクラス（WeightedEdge）と Graph のサブクラス（WeightedGraph）が必要です。WeighedEdge には float が関連付けられ重みを表します。すぐ後に述べる Jarnik（ヤルニーク）のアルゴリズムは、辺の重みを他の辺と比較して最小重みの辺を決めます。これは、数値の重みでは簡単です。

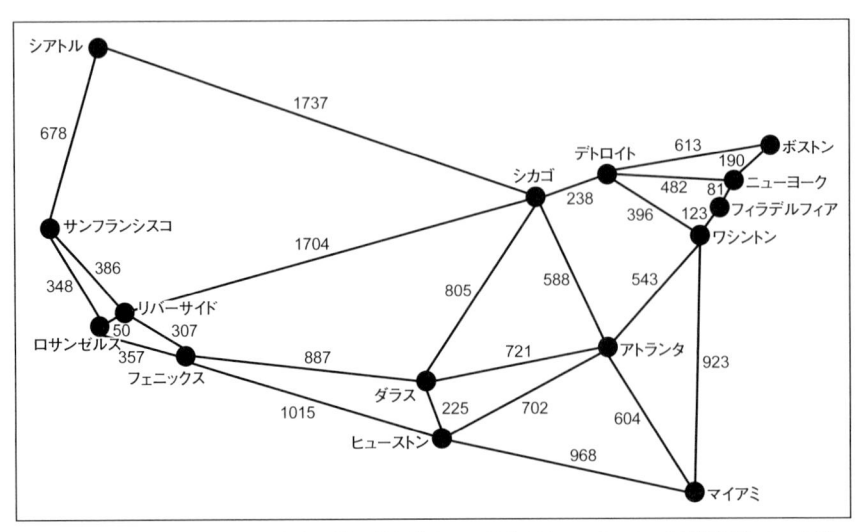

図4-5 米国の最大 MSA の 15 都市の重み付きグラフ。各重みは 2 つの MSA の間の距離（マイル）

例4-6 weighted_edge.py

```python
from __future__ import annotations
from dataclasses import dataclass
from edge import Edge


@dataclass
class WeightedEdge(Edge):
    weight: float

    def reversed(self) -> WeightedEdge:
        return WeightedEdge(self.v, self.u, self.weight)

    # 辺を重み順にして最小重み辺を求める
    def __lt__(self, other: WeightedEdge):
        return self.weight < other.weight

    def __str__(self) -> str:
        return f"{self.u} {self.weight}> {self.v}"
```

　WeightedEdge の実装は Edge の実装とそれほど変わりはありません。新たな weight プロパティの追加と WeightedEdge を比較可能とする __lt__() によるく演算子の実

装の 2 点だけが異なります。Jarnik のアルゴリズムで重み最小辺を求めるので、< 演算子は（u と v との継承プロパティすべてではなく）重みだけを対象とします。

WeightedGraph は Graph の機能の多くを継承しています。その他にコンストラクタでは WeightedEdge の追加と __str__() の専用バージョンを追加しています。新たなメソッド neighbors_for_index_with_weights() は、隣接節点だけでなくそこに至る辺の重みも返します。このメソッドは、__str__() の新バージョンで使います。

例 4-7 weighted_graph.py

```python
from typing import TypeVar, Generic, List, Tuple
from graph import Graph
from weighted_edge import WeightedEdge

V = TypeVar('V') # グラフの節点の型


class WeightedGraph(Generic[V], Graph[V]):
    def __init__(self, vertices: List[V] = []) -> None:
        self._vertices: List[V] = vertices
        self._edges: List[List[WeightedEdge]] = [[] for _ in vertices]

    def add_edge_by_indices(self, u: int, v: int, weight: float) -> None:
        edge: WeightedEdge = WeightedEdge(u, v, weight)
        self.add_edge(edge) # スーパークラス呼び出し

    def add_edge_by_vertices(self, first: V, second: V, weight: float) -> None:
        u: int = self._vertices.index(first)
        v: int = self._vertices.index(second)
        self.add_edge_by_indices(u, v, weight)

    def neighbors_for_index_with_weights(self, index: int) -> List[Tuple[V, float]]:
        distance_tuples: List[Tuple[V, float]] = []
        for edge in self.edges_for_index(index):
            distance_tuples.append((self.vertex_at(edge.v), edge.weight))
        return distance_tuples

    def __str__(self) -> str:
        desc: str = ""
        for i in range(self.vertex_count):
            desc += f"{self.vertex_at(i)} -> {self.neighbors_for_index_with_weights(i)}\n"
        return desc
```

これで重み付きグラフを実際に定義する用意ができました。city_graph2 という重み付きグラフは**図4-5**で表されていたものです。

例4-8 weighted_graph.py 続き

```python
if __name__ == "__main__":
    city_graph2: WeightedGraph[str] = WeightedGraph(["Seattle", "San Francisco", "Los
        Angeles", "Riverside", "Phoenix", "Chicago", "Boston", "New York", "Atlanta",
        "Miami", "Dallas", "Houston", "Detroit", "Philadelphia", "Washington"])

    city_graph2.add_edge_by_vertices("Seattle", "Chicago", 1737)
    city_graph2.add_edge_by_vertices("Seattle", "San Francisco", 678)
    city_graph2.add_edge_by_vertices("San Francisco", "Riverside", 386)
    city_graph2.add_edge_by_vertices("San Francisco", "Los Angeles", 348)
    city_graph2.add_edge_by_vertices("Los Angeles", "Riverside", 50)
    city_graph2.add_edge_by_vertices("Los Angeles", "Phoenix", 357)
    city_graph2.add_edge_by_vertices("Riverside", "Phoenix", 307)
    city_graph2.add_edge_by_vertices("Riverside", "Chicago", 1704)
    city_graph2.add_edge_by_vertices("Phoenix", "Dallas", 887)
    city_graph2.add_edge_by_vertices("Phoenix", "Houston", 1015)
    city_graph2.add_edge_by_vertices("Dallas", "Chicago", 805)
    city_graph2.add_edge_by_vertices("Dallas", "Atlanta", 721)
    city_graph2.add_edge_by_vertices("Dallas", "Houston", 225)
    city_graph2.add_edge_by_vertices("Houston", "Atlanta", 702)
    city_graph2.add_edge_by_vertices("Houston", "Miami", 968)
    city_graph2.add_edge_by_vertices("Atlanta", "Chicago", 588)
    city_graph2.add_edge_by_vertices("Atlanta", "Washington", 543)
    city_graph2.add_edge_by_vertices("Atlanta", "Miami", 604)
    city_graph2.add_edge_by_vertices("Miami", "Washington", 923)
    city_graph2.add_edge_by_vertices("Chicago", "Detroit", 238)
    city_graph2.add_edge_by_vertices("Detroit", "Boston", 613)
    city_graph2.add_edge_by_vertices("Detroit", "Washington", 396)
    city_graph2.add_edge_by_vertices("Detroit", "New York", 482)
    city_graph2.add_edge_by_vertices("Boston", "New York", 190)
    city_graph2.add_edge_by_vertices("New York", "Philadelphia", 81)
    city_graph2.add_edge_by_vertices("Philadelphia", "Washington", 123)

    print(city_graph2)
```

WeightedGraph が __str__() を実装しているので、city_graph2 をプリティプリントできます。出力では連結されている節点は2箇所に出てきて、重みが示されています。

```
Seattle -> [('Chicago', 1737), ('San Francisco', 678)]
San Francisco -> [('Seattle', 678), ('Riverside', 386), ('Los Angeles', 348)]
Los Angeles -> [('San Francisco', 348), ('Riverside', 50), ('Phoenix', 357)]
Riverside -> [('San Francisco', 386), ('Los Angeles', 50), ('Phoenix', 307), ('Chicago',
1704)]
Phoenix -> [('Los Angeles', 357), ('Riverside', 307), ('Dallas', 887), ('Houston', 1015)]
Chicago -> [('Seattle', 1737), ('Riverside', 1704), ('Dallas', 805), ('Atlanta', 588),
('Detroit', 238)]
Boston -> [('Detroit', 613), ('New York', 190)]
New York -> [('Detroit', 482), ('Boston', 190), ('Philadelphia', 81)]
Atlanta -> [('Dallas', 721), ('Houston', 702), ('Chicago', 588), ('Washington', 543),
('Miami', 604)]
Miami -> [('Houston', 968), ('Atlanta', 604), ('Washington', 923)]
Dallas -> [('Phoenix', 887), ('Chicago', 805), ('Atlanta', 721), ('Houston', 225)]
Houston -> [('Phoenix', 1015), ('Dallas', 225), ('Atlanta', 702), ('Miami', 968)]
Detroit -> [('Chicago', 238), ('Boston', 613), ('Washington', 396), ('New York', 482)]
Philadelphia -> [('New York', 81), ('Washington', 123)]
Washington -> [('Atlanta', 543), ('Miami', 923), ('Detroit', 396), ('Philadelphia', 123)]
```

4.4.2　最小被覆木

　木はグラフの特殊な形式で、2節点の間に経路が1つだけ必ずあります。これは、木には**サイクル**（閉路）がない（**非輪状**とも言う）ことを意味します。サイクルはループ状です。グラフで、ある節点からスタートして辺をたどり、同じ節点を通らずにスタートした節点に戻ってくるなら、サイクルがあります。そのようなサイクルを持つグラフでは、辺を刈り取ることによって木にできます。**図4-6**では、グラフの辺を刈り取って木にしています。

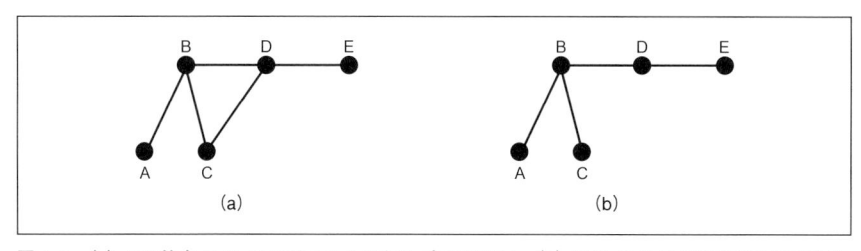

図4-6　(a) には節点 B, C, D にサイクルがあり、木ではない。(b) では、C と D の間の辺を刈り取り、グラフが木になった

　連結グラフとは、どの節点からも他のどの節点へも行く経路があるグラフ（本章の
グラフはすべて連結グラフ）です。**最小被覆木**とは、重み付きグラフの全節点を含む
木のうち全体の重みが（他の**被覆木**と比較して）最小のものです。どのような重み付
きグラフでも最小被覆木を効率的に求めることができます。

　用語がたくさん登場しました。最小被覆木を求めることは、重み付きグラフで全節
点を最小重みで連結することと同じということが肝心です。この問題は、（輸送ネッ
トワーク、コンピュータネットワークなど）ネットワークの設計で、すべての節点を
最小コストで連結しようとする人にとって重要で実際に使われるものです。配線、ト
ラック、道路その他さまざまなものがコストになります。例えば、電話ネットワーク
では、「電話の間を結ぶケーブルの最短長はいくらか」のような問題となります。

優先度付きキュー再訪

　2章で優先度付きキューを扱いました。Jarnik のアルゴリズムにも優先度付き
キューが必要です。2章のパッケージから PriorityQueue クラスをインポートす
ることも（詳細は 90 ページの**例 4-5** の直前の注記参照）本章のパッケージの新た
なファイルにコピーすることもできます。プログラムが完結するように、2章の
PriorityQueue をコピーして、単独ファイルとして使えるよう import 文を設定します。

例 4-9　priority_queue.py

```python
from typing import TypeVar, Generic, List
from heapq import heappush, heappop


T = TypeVar('T')


class PriorityQueue(Generic[T]):
    def __init__(self) -> None:
        self._container: List[T] = []

    @property
    def empty(self) -> bool:
        return not self._container  # 空コンテナの not は真

    def push(self, item: T) -> None:
        heappush(self._container, item)  # 要素の順で優先度決定
```

```python
    def pop(self) -> T:
        return heappop(self._container)  # 優先度順に登場

    def __repr__(self) -> str:
        return repr(self._container)
```

重み付き経路の全体の重みを計算

最小被覆木を求めるメソッドを作る前に、解の重みの全体をチェックする関数を作ります。被覆木問題の解は木を構成する辺のリストです。まず、WeightedPath を WeightedEdge のリストとして定義します。次に、WeightedPath のリストを引数にして、すべての辺の重みを足し合わせて全体の重みを得る関数 total_weight() を定義します。

例 4-10　mst.py

```python
from typing import TypeVar, List, Optional
from weighted_graph import WeightedGraph
from weighted_edge import WeightedEdge
from priority_queue import PriorityQueue

V = TypeVar('V') # グラフの節点の型
WeightedPath = List[WeightedEdge] # 経路の型エイリアス


def total_weight(wp: WeightedPath) -> float:
    return sum([e.weight for e in wp])
```

Jarnik（ヤルニーク）のアルゴリズム

最小被覆木を求める Jarnik のアルゴリズムは、グラフを現在構成中の最小被覆木に含まれる節点集合とまだ最小被覆木に含まれていない節点集合の2つに分けて進行します。次のようなステップになります。

1. 任意の節点を選んで、最小被覆木に追加する。
2. 最小被覆木とまだ最小被覆木に含まれていない節点とを結ぶ最小重みの辺を求める。
3. その最小重み辺の節点を最小被覆木に追加する。
4. グラフのすべての節点が最小被覆木に追加されるまで、ステップ2と3を繰り返す。

Jarnik（ヤルニーク）のアルゴリズムは普通 Prim のアルゴリズム（プリム法）と呼ばれています。Otakar Borůvka と Vojtěch Jarnik という 2 人のチェコ人数学者が 1920 年代後半に電気配線のコストを最小にする問題に取り組んで、この最小被覆木問題を解くアルゴリズムを発見しました。彼らのアルゴリズムは当時はあまり評価されず、後になって再発見されました[†]。

　Jarnik のアルゴリズムは、優先度付きキューを使って効率的に実行できます。新たな節点を最小被覆木に追加するたびに、その節点から木の外側に出ていくすべての辺が優先度付きキューに追加されます。重み最小の辺が常に優先度付きキューから取り出され、アルゴリズムは優先度付きキューが空になるまで実行されます。これによって、最小重み辺が常にまず木に追加されることが保証されます。取り出された辺がすでに最小被覆木に含まれていれば無視されます。

　次の mst() のコードは、Jarnik のアルゴリズムを完全に実装していて、WeightedPath を出力するユーティリティ関数も含んでいます[‡]。

Jarnik のアルゴリズムは有向グラフでは正解が得られるとは限りません。非連結グラフでも解が保証されません。

例 4-11　mst.py 続き

```python
def mst(wg: WeightedGraph[V], start: int = 0) -> Optional[WeightedPath]:
    if start > (wg.vertex_count - 1) or start < 0:
        return None
    result: WeightedPath = [] # 最終 MST を保持
    pq: PriorityQueue[WeightedEdge] = PriorityQueue()
    visited: [bool] = [False] * wg.vertex_count # 訪問したところ

    def visit(index: int):
        visited[index] = True # 訪問済みとマーク
        for edge in wg.edges_for_index(index): # ここから出る全辺を pq に追加
            if not visited[edge.v]:
                pq.push(edge)

    visit(start) # 最初の節点からすべて始まる
```

[†]　原 注：Helena Durnova, "Otakar Boruvka (1899-1995) and the Minimum Spanning Tree"（Institute of Mathematics of the Czech Academy of Sciences, 2006）、https://dml.cz/handle/10338.dmlcz/500001

[‡]　原注：Robert Sedgewick と Kevin Wayne の『Algorithms, fourth edition』（Addison-Wesley、2011）の 619 ページの解を参考にした。

```
    while not pq.empty: # 処理辺のある限り進行
        edge = pq.pop()
        if visited[edge.v]:
            continue # 再訪問はしない
        result.append(edge) # 現時点で最小なので解に追加
        visit(edge.v) # 連結節点を訪問

    return result


def print_weighted_path(wg: WeightedGraph, wp: WeightedPath) -> None:
    for edge in wp:
        print(f"{wg.vertex_at(edge.u)} {edge.weight}> {wg.vertex_at(edge.v)}")
    print(f"Total Weight: {total_weight(wp)}")
```

mst() のコードを 1 行ずつ見ていきます。

```
    def mst(wg: WeightedGraph[V], start: int = 0) -> Optional[WeightedPath]:
        if start > (wg.vertex_count - 1) or start < 0:
            return None
```

アルゴリズムは最小被覆木を表す WeightedPath を返しますが、これはオプション
です。(グラフが連結で無向だと仮定して) どこから開始してもよいので、デフォル
トでインデックスが 0 の節点で開始します。start が不当な節点の場合、mst() は
None を返します。

```
        result: WeightedPath = [] # 最終 MST を保持
        pq: PriorityQueue[WeightedEdge] = PriorityQueue()
        visited: [bool] = [False] * wg.vertex_count # 訪問したところ
```

result が最終的に最小被覆木の重み付き経路を保持します。最小重み辺を取り出
して新たにその部分のグラフを扱うときに、WeightedEdge を result に追加します。
Jarnik のアルゴリズムは、常に最小重み辺を取り出すので、**貪欲アルゴリズム**の一
種だと考えられます。pq は、新たに見つかった辺が格納され、最小重み辺が取り出
される優先度付きキューです。visited はすでにチェックした節点のインデックスを
保持します。これは、bfs() の explored のように Set でも処理できます。

```
        def visit(index: int):
            visited[index] = True # 訪問済みとマーク
            for edge in wg.edges_for_index(index): # ここから出るすべての辺を pq に追加
```

```
        if not visited[edge.v]:
            pq.push(edge)
```

visit() は内部的に便利に使う関数で、節点に訪問済みとマークしてその節点から
出ているまだチェックしていない辺をすべて pq に追加します。隣接リストモデルに
よって、節点に属する辺をとても簡単に見つけられます。

```
    visit(start) # 最初の節点からすべて始まる
```

最初にどの節点から調べるかは、連結グラフである限り問題にはなりません。グラ
フが連結でなく、連結していない**成分**からなっている場合、mst() は開始節点が属し
ている成分だけの被覆木を返します。

```
    while not pq.empty: # 処理辺のある限り進行
        edge = pq.pop()
        if visited[edge.v]:
            continue # 再訪問はしない
        result.append(edge) # 現時点で最小なので解に追加
        visit(edge.v) # 連結節点を訪問

    return result
```

優先度付きキューに辺が残っている間は、取り出しては、まだ最小被覆木に含まれ
ていない節点かをチェックします。優先度付きキューは昇順なので、最小重みの辺が
まず取り出されます。これによって、確かに全体の重みが最小という結果になります。
取り出された辺がすでに木に含まれていれば無視します。そうでない場合は、辺の重
みが最小なので、結果集合に追加され、そこから得られる新たな節点が調べられます。
調べる辺がなくなれば、結果を返します。

ハイパーループで最大 MSA の 15 都市を最小トラック量でつなぐ問題に戻りま
しょう。この問題を解くルートは、city_graph2 の最小被覆木です。city_graph2 で
mst() を実行しましょう。

例 4-12　mst.py 続き

```
if __name__ == "__main__":
    city_graph2: WeightedGraph[str] = WeightedGraph(["Seattle", "San Francisco", "Los
        Angeles", "Riverside", "Phoenix", "Chicago", "Boston", "New York", "Atlanta",
        "Miami", "Dallas", "Houston", "Detroit", "Philadelphia", "Washington"])
```

```
city_graph2.add_edge_by_vertices("Seattle", "Chicago", 1737)
city_graph2.add_edge_by_vertices("Seattle", "San Francisco", 678)
city_graph2.add_edge_by_vertices("San Francisco", "Riverside", 386)
city_graph2.add_edge_by_vertices("San Francisco", "Los Angeles", 348)
city_graph2.add_edge_by_vertices("Los Angeles", "Riverside", 50)
city_graph2.add_edge_by_vertices("Los Angeles", "Phoenix", 357)
city_graph2.add_edge_by_vertices("Riverside", "Phoenix", 307)
city_graph2.add_edge_by_vertices("Riverside", "Chicago", 1704)
city_graph2.add_edge_by_vertices("Phoenix", "Dallas", 887)
city_graph2.add_edge_by_vertices("Phoenix", "Houston", 1015)
city_graph2.add_edge_by_vertices("Dallas", "Chicago", 805)
city_graph2.add_edge_by_vertices("Dallas", "Atlanta", 721)
city_graph2.add_edge_by_vertices("Dallas", "Houston", 225)
city_graph2.add_edge_by_vertices("Houston", "Atlanta", 702)
city_graph2.add_edge_by_vertices("Houston", "Miami", 968)
city_graph2.add_edge_by_vertices("Atlanta", "Chicago", 588)
city_graph2.add_edge_by_vertices("Atlanta", "Washington", 543)
city_graph2.add_edge_by_vertices("Atlanta", "Miami", 604)
city_graph2.add_edge_by_vertices("Miami", "Washington", 923)
city_graph2.add_edge_by_vertices("Chicago", "Detroit", 238)
city_graph2.add_edge_by_vertices("Detroit", "Boston", 613)
city_graph2.add_edge_by_vertices("Detroit", "Washington", 396)
city_graph2.add_edge_by_vertices("Detroit", "New York", 482)
city_graph2.add_edge_by_vertices("Boston", "New York", 190)
city_graph2.add_edge_by_vertices("New York", "Philadelphia", 81)
city_graph2.add_edge_by_vertices("Philadelphia", "Washington", 123)

result: Optional[WeightedPath] = mst(city_graph2)
if result is None:
    print("No solution found!")
else:
    print_weighted_path(city_graph2, result)
```

プリティプリントする printWeightedPath() メソッドのおかげで、最小被覆木は読みやすくなっています。

```
Seattle 678> San Francisco
San Francisco 348> Los Angeles
Los Angeles 50> Riverside
Riverside 307> Phoenix
Phoenix 887> Dallas
Dallas 225> Houston
Houston 702> Atlanta
Atlanta 543> Washington
```

```
Washington 123> Philadelphia
Philadelphia 81> New York
New York 190> Boston
Washington 396> Detroit
Detroit 238> Chicago
Atlanta 604> Miami
Total Weight: 5372
```

　言い換えれば、これは重み付きグラフですべての MSA をつなぐ辺の累積値が最小になる辺の集まりです。すべてをつなぐのに必要なトラックの最小長は 5372 マイルです。**図 4-7** に最小被覆木を示します。

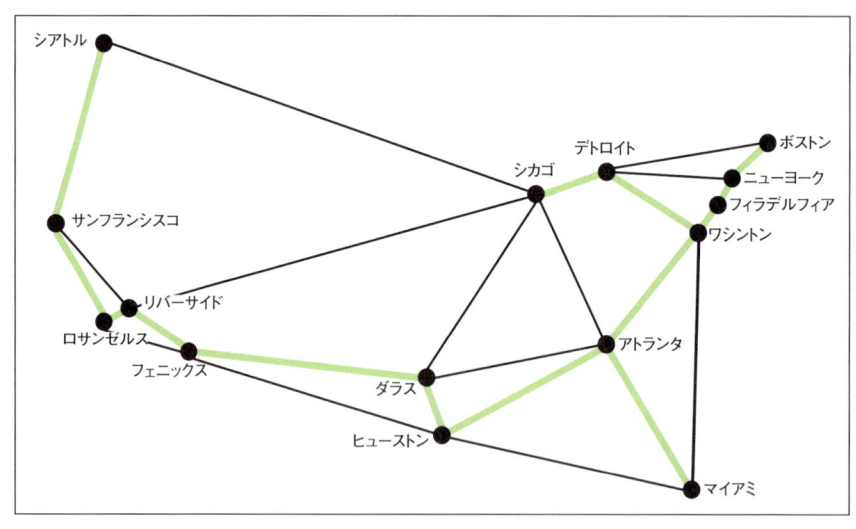

図 4-7　ハイライトで示した辺がすべての最大 **MSA** の **15** 都市をつなぐ最小被覆木を表す

4.5　重み付きグラフの最短経路
［問題18　重み付きグラフの最短経路］

　ハイパーループネットワークを建設する場合、施工業者は、一度に国中をすべてつなごうとはしないでしょう。主要都市間を結ぶトラックのコストを最小にしようとするでしょう。要求された都市までネットワークを延長するコストは、どこから建設を始めるかに明らかに依存します。

　出発する都市から任意の都市までのコストを求めることは、単一始点最短経路問題

の一種です。この問題は、「重み付きグラフのある節点から、他のあらゆる節点への最短経路（全辺の重みという意味で）は何か」と問うています。

4.5.1　ダイクストラのアルゴリズム

ダイクストラのアルゴリズムは、単一始点最短経路問題を解きます。開始節点を与えると、重み付きグラフの他のあらゆる節点への最小重み経路を返します。開始節点から他のあらゆる節点への最小重みも返します。ダイクストラのアルゴリズムは、単一開始節点から出発して、最も近い節点を次々と探索します。したがって、Jarnikのアルゴリズムと同様に、ダイクストラのアルゴリズムも貪欲です。ダイクストラのアルゴリズムでは、新たに節点を調べるとき、それが訪問済みでも異なる辺で到達したときには、開始節点からの距離を計算して、もしより短い経路であるなら値を更新します。また、節点に至る辺を幅優先探索と同様に記録しておきます。

アルゴリズムのステップ全体は次のようになります。

1. 開始節点を優先度付きキューに追加する。
2. 優先度付きキューから最も近い節点を取り出す（最初は開始節点しかない）。これを現在の節点と呼ぶ。
3. 現在の節点の全隣接節点を調べる。まだ記録されていないか、辺が新たな最短経路となるなら、開始節点からの距離とその距離になった辺とを記録して、その節点を優先度付きキューに追加する。
4. 優先度付きキューが空になるまでステップ 2 と 3 を繰り返す。
5. 開始節点からの距離とその経路を全節点について返す。

ダイクストラのアルゴリズムのコードには、これまでに調べた節点に関する情報を保存し比較するための簡単なデータ構造である DijkstraNode が含まれます。これは 2 章の Node クラスとよく似ています。また、返された距離の配列を節点参照に使いやすくしたり、dijkstra() で返された経路辞書から終着節点への最短経路を計算したりするユーティリティ関数も含まれています。

説明をこのぐらいで切り上げて、ダイクストラのアルゴリズムのコードを検討します。行ごとに詳しく見ていきます。

例 4-13　dijkstra.py

```python
from __future__ import annotations
from typing import TypeVar, List, Optional, Tuple, Dict
from dataclasses import dataclass
from mst import WeightedPath, print_weighted_path
from weighted_graph import WeightedGraph
from weighted_edge import WeightedEdge
from priority_queue import PriorityQueue

V = TypeVar('V') # グラフの節点の型


@dataclass
class DijkstraNode:
    vertex: int
    distance: float

    def __lt__(self, other: DijkstraNode) -> bool:
        return self.distance < other.distance

    def __eq__(self, other: DijkstraNode) -> bool:
        return self.distance == other.distance


def dijkstra(wg: WeightedGraph[V], root: V) -> Tuple[List[Optional[float]], Dict[int,
    WeightedEdge]]:
    first: int = wg.index_of(root) # 開始インデックスを求める
    distances: List[Optional[float]] = [None] * wg.vertex_count # 距離は最初は未知
    distances[first] = 0 # 根は根から 0 だけ離れた距離
    path_dict: Dict[int, WeightedEdge] = {} # 各節点までどう行く
    pq: PriorityQueue[DijkstraNode] = PriorityQueue()
    pq.push(DijkstraNode(first, 0))

    while not pq.empty:
        u: int = pq.pop().vertex # 次の最近接点を探す
        dist_u: float = distances[u] # 訪問済みのはず
        for we in wg.edges_for_index(u): # 現在の節点からの全辺 / 節点を調べる
            dist_v: float = distances[we.v] # この節点への以前の距離
            if dist_v is None or dist_v > we.weight + dist_u:
                                            # 初めてまたは最短経路が見つかった
                distances[we.v] = we.weight + dist_u # この節点への距離を更新
                path_dict[we.v] = we # この節点への最短経路の辺を更新
                pq.push(DijkstraNode(we.v, we.weight + dist_u)) # 後で調べる

    return distances, path_dict
```

```
# ダイクストラの結果を簡単に得るためのヘルパー関数
def distance_array_to_vertex_dict(wg: WeightedGraph[V], distances: List[Optional[float]])
-> Dict[V, Optional[float]]:
    distance_dict: Dict[V, Optional[float]] = {}
    for i in range(len(distances)):
        distance_dict[wg.vertex_at(i)] = distances[i]
    return distance_dict
```

```
# 各辺への辺の辞書で始点から終点への辺のリストを返す
def path_dict_to_path(start: int, end: int, path_dict: Dict[int, WeightedEdge]) ->
WeightedPath:
    if len(path_dict) == 0:
        return []
    edge_path: WeightedPath = []
    e: WeightedEdge = path_dict[end]
    edge_path.append(e)
    while e.u != start:
        e = path_dict[e.u]
        edge_path.append(e)
    return list(reversed(edge_path))
```

　dijkstra() の冒頭の数行は、もうおなじみのデータ構造です。distance はグラフ中で root から全節点への距離のプレースホルダです。当初、この距離はまだわからないので None になっています。この値を求めるためにダイクストラのアルゴリズムを使います。

```
def dijkstra(wg: WeightedGraph[V], root: V) -> Tuple[List[Optional[float]], Dict[int,
WeightedEdge]]:
    first: int = wg.index_of(root) # 開始インデックスを求める
    distances: List[Optional[float]] = [None] * wg.vertex_count # 距離は最初は未知
    distances[first] = 0 # 根は根から 0 だけの距離
    path_dict: Dict[int, WeightedEdge] = {} # 各節点までどう行く
    pq: PriorityQueue[DijkstraNode] = PriorityQueue()
    pq.push(DijkstraNode(first, 0))
```

　優先度付きキューに最初に置かれる節点は根節点です。

```
    while not pq.empty:
        u: int = pq.pop().vertex # 次の最近接点を探す
        dist_u: float = distances[u] # 訪問済みのはず
```

優先度付きキューが空になるまでダイクストラのアルゴリズムを実行します。u は
探索の起点である現在の節点、dist_u は既知の経路で開始節点から u に至る格納さ
れている距離です。この段階での節点はすべて登録済みなので距離は既知です。

```
    for we in wg.edges_for_index(u): # 現在の節点からの全辺 / 節点を調べる
        dist_v: float = distances[we.v] # この節点への以前の距離
```

次に、u の辺をすべて調べます。dist_v はその辺で u につながっている節点の（開
始節点からの）距離です。

```
    if dist_v is None or dist_v > we.weight + dist_u: # 以前がないか最短経路が見つかった
        distances[we.v] = we.weight + dist_u # この節点への距離を更新
        path_dict[we.v] = we # この節点への最短経路の辺を更新
        pq.push(DijkstraNode(we.v, we.weight + dist_u)) # 後で調べる
```

未訪問の節点（dist_v が None）または新たなより短い経路が見つかったなら、
v への新たな最短距離とこの辺とを記録します。最後に、新たな経路が求められたこ
の節点を優先度付きキューに追加します。

```
    return distances, path_dict
```

dijkstra() は重み付きグラフの全節点の根節点からの距離 distances とその最短
経路を与える path_dict の両方を返します。

これで安心してダイクストラのアルゴリズムを実行できます。ハイパーループのグ
ラフでロサンゼルスから他の MSA への距離を見つけましょう。それから、ロサンゼ
ルスとボストンとの最短経路を求めます。最後に print_weighted_path() を使って結
果をプリティプリントします。

例 4-14　dijkstra.py 続き

```
if __name__ == "__main__":
    city_graph2: WeightedGraph[str] = WeightedGraph(["Seattle", "San Francisco", "Los
        Angeles", "Riverside", "Phoenix", "Chicago", "Boston", "New York", "Atlanta",
        "Miami", "Dallas", "Houston", "Detroit", "Philadelphia", "Washington"])

    city_graph2.add_edge_by_vertices("Seattle", "Chicago", 1737)
```

```
city_graph2.add_edge_by_vertices("Seattle", "San Francisco", 678)
city_graph2.add_edge_by_vertices("San Francisco", "Riverside", 386)
city_graph2.add_edge_by_vertices("San Francisco", "Los Angeles", 348)
city_graph2.add_edge_by_vertices("Los Angeles", "Riverside", 50)
city_graph2.add_edge_by_vertices("Los Angeles", "Phoenix", 357)
city_graph2.add_edge_by_vertices("Riverside", "Phoenix", 307)
city_graph2.add_edge_by_vertices("Riverside", "Chicago", 1704)
city_graph2.add_edge_by_vertices("Phoenix", "Dallas", 887)
city_graph2.add_edge_by_vertices("Phoenix", "Houston", 1015)
city_graph2.add_edge_by_vertices("Dallas", "Chicago", 805)
city_graph2.add_edge_by_vertices("Dallas", "Atlanta", 721)
city_graph2.add_edge_by_vertices("Dallas", "Houston", 225)
city_graph2.add_edge_by_vertices("Houston", "Atlanta", 702)
city_graph2.add_edge_by_vertices("Houston", "Miami", 968)
city_graph2.add_edge_by_vertices("Atlanta", "Chicago", 588)
city_graph2.add_edge_by_vertices("Atlanta", "Washington", 543)
city_graph2.add_edge_by_vertices("Atlanta", "Miami", 604)
city_graph2.add_edge_by_vertices("Miami", "Washington", 923)
city_graph2.add_edge_by_vertices("Chicago", "Detroit", 238)
city_graph2.add_edge_by_vertices("Detroit", "Boston", 613)
city_graph2.add_edge_by_vertices("Detroit", "Washington", 396)
city_graph2.add_edge_by_vertices("Detroit", "New York", 482)
city_graph2.add_edge_by_vertices("Boston", "New York", 190)
city_graph2.add_edge_by_vertices("New York", "Philadelphia", 81)
city_graph2.add_edge_by_vertices("Philadelphia", "Washington", 123)

distances, path_dict = dijkstra(city_graph2, "Los Angeles")
name_distance: Dict[str, Optional[int]] = distance_array_to_vertex_dict(city_graph2,
    distances)
print("Distances from Los Angeles:")
for key, value in name_distance.items():
    print(f"{key} : {value}")
print("") # 空行

print("Shortest path from Los Angeles to Boston:")
path: WeightedPath = path_dict_to_path(city_graph2.index_of("Los Angeles"),
    city_graph2.index_of("Boston"), path_dict)
print_weighted_path(city_graph2, path)
```

出力は次のようになります。

```
Distances from Los Angeles:
Seattle : 1026
San Francisco : 348
```

```
Los Angeles : 0
Riverside : 50
Phoenix : 357
Chicago : 1754
Boston : 2605
New York : 2474
Atlanta : 1965
Miami : 2340
Dallas : 1244
Houston : 1372
Detroit : 1992
Philadelphia : 2511
Washington : 2388

Shortest path from Los Angeles to Boston:
Los Angeles 50> Riverside
Riverside 1704> Chicago
Chicago 238> Detroit
Detroit 613> Boston
Total Weight: 2605
```

　ダイクストラのアルゴリズムが Jarnik のアルゴリズムと似ていることに気づいたと思います。両方とも貪欲で、その気になれば同じようなコードで両方を実装できます。もう1つのダイクストラのアルゴリズムによく似ているアルゴリズムは、2章のA* 探索です。A* 探索をダイクストラのアルゴリズムの変形（一般化）と考えることもできます。ダイクストラのアルゴリズムを1つの終着節点に限り、ヒューリスティックを追加すれば、両者は同じになります。

 ダイクストラのアルゴリズムは、重みが正のグラフ用です。辺に負の重みがあるグラフではダイクストラのアルゴリズムはうまく働かず、修正を加えるか他のアルゴリズムを使う必要があります。

4.6　実世界での応用

　私達の世界では非常に多くのことがグラフで表せます。本章では輸送網で効果を発揮することがわかりましたが、他のネットワークでも同じような最適化問題があります。電話ネットワーク、コンピュータネットワーク、公共インフラネットワーク（電話、水道など）です。結果として、グラフアルゴリズムは、通信、配送、輸送、公共

インフラといった産業での効率化に欠かせないものとなっています。

　小売業者は複雑な配送問題に取り組んでいます。店舗や倉庫を節点に、それらの距離を辺と考えることもできます。アルゴリズムは同じです。インターネットそのものも巨大なグラフで、接続機器を節点、有線または無線での接続を辺と考えることができます。事業で燃料や配線を節約するような最小被覆木や最短経路問題の解決は、ゲームにも使うことができます。世界的に有名な企業でもグラフ問題の最適化で成功を収めています。例えば、ウォルマートは効率的な配送ネットワークを構築し、Googleはウェブ（巨大グラフ）のインデックスを作成し、FedEx は配送用の倉庫網を世界中で構築しています。

　グラフアルゴリズムでまず思いつくアプリケーションには、ソーシャルネットワークや地図アプリケーションがあります。ソーシャルネットワークでは、人々が節点で、コネクション（Facebook の友だちなど）が辺です。実際、Facebook で最も有名な開発ツールが「グラフ API」（https://developers.facebook.com/docs/graph-api）です。Apple Maps や Google Maps のような地図アプリケーションでは、グラフアルゴリズムが経路情報や移動時間を計算するのに使われます。

　有名なビデオゲームでもグラフアルゴリズムが使われています。鉄道ゲームのミニメトロやチケット・トゥ・ライドは、本章で解いた問題に密接に関係するゲームの例です。

4.7　練習問題

1. 辺や節点を削除するためのサポートをグラフフレームワークに追加しなさい。
2. 有向グラフのサポートをグラフフレームワークに追加しなさい。
3. 本章のグラフフレームワークを使って、ウィキペディアにある問題（https://ja.wikipedia.org/wiki/ 一筆書き＃ケーニヒスベルク、https://en.wikipedia.org/wiki/Seven_Bridges_of_K%C3%B6nigsberg）を証明または反証しなさい。

5章
遺伝的アルゴリズム

　遺伝的アルゴリズムは一般的なプログラムの問題では使われません。伝統的なアルゴリズムでは許容できる時間内に解が得られないような場合に、用いられるものです。言い換えると、遺伝的アルゴリズムは簡単に解が見つからない複雑な問題で使われます。そのような複雑な問題とはどのような問題かについては、「**5.7　実世界での応用**」をまず読んでみてください。興味深い例としては、タンパク質―リガンドドッキングと薬剤設計問題があります。計算生物学者は、薬剤を（その標的に）届けるためにレセプターに結合する分子を設計する必要があります。分子設計のための簡単なアルゴリズムはありませんが、遺伝的アルゴリズムによって、問題の目標の定義以上のプログラミングをしなくても結果が得られることがあるのです。

5.1　生物学的な背景

　生物学では、進化論において、遺伝子突然変異と環境的制約が長い時間の中で生物に種分化（新たな種が発生すること）を含む変化をもたらしたとしています。うまく適応した生物が繁殖して、適応に失敗した生物が生き残れないことは、**自然選択**として知られています。種においては、遺伝的変異によって異なる（時には新たな）形質を持つ個体が各世代に含まれています。全個体が生存のために限られた資源を得ようと競い合い、資源量よりも個体数が上回るために、一部の個体は死んでしまいます。
　変異によって環境によりよく適応した個体は生存し繁殖する確率が高くなります。時間経過とともに、環境によりよく適応した個体は、より多くの子孫を残し、遺伝によってその変異を子孫に伝えます。したがって、生存に適した変異は結果的にその種の中に広く行き渡ります。

　例えば、細菌が抗生物質で死滅する場合に、ある個体が遺伝子変異によって、その抗生物質に対する抵抗性を獲得すると、より高い確率で生き延びて繁殖するようになります。抗生物質を継続的に使用すると、耐性を備えた遺伝子を持つ細菌の子孫が繁殖する可能性が高まります。抗生物質を継続投与すると、最終的に変異をしなかった個体は死滅して、集団全体が耐性を獲得することになります。抗生物質が突然変異を引き起こしているわけではありませんが、結果的に耐性変異を持つ個体の割合を急激に増加させます。

　自然選択は、生物学を超えてさまざまな分野で応用されてきました。社会進化論は社会学理論に自然選択を応用しています。コンピュータサイエンスでは、遺伝的アルゴリズムが計算論的に困難な問題を解くために自然選択のシミュレーションを使います。

　遺伝的アルゴリズムでは、**染色体**という個体の**母集団**（グループ）があります。染色体はその形質を指定する**遺伝子**からなり、問題解決において他の染色体と競合します。ある染色体がその問題をどれだけよく解くかは**適応度関数**で定義します。

　遺伝的アルゴリズムは**世代**の経過を考えます。各世代で、より適応した染色体が繁殖のためにより多く選ばれます。各世代で2つの染色体が遺伝子を合体する確率があります。これは、**交差**と呼ばれます。最後に、各世代で染色体の遺伝子が**変異**（ランダムに変化）するという重要な可能性が与えられます。

　母集団内のある個体の適応度関数が指定されたしきい値を超えたり、アルゴリズムが指定された最大世代数を超えると、最良個体（適応度関数のスコアが最高）が返されます。

　遺伝的アルゴリズムは、あらゆる問題に適しているわけではありません。遺伝的アルゴリズムは、選択、交差、変異という3つの部分的あるいは全面的に**確率的**な演算に依存します。したがって、妥当な時間内に最適解に達しない場合もあります。ほとんどの問題に、決定的なアルゴリズムがあって、解を保証しています。しかし、高速な決定的アルゴリズムが存在しない問題もあります。そのような場合には、遺伝的アルゴリズムが優れた選択肢になります。

5.2　ジェネリックな遺伝的アルゴリズム
［問題19　ジェネリックな遺伝的アルゴリズム］

　遺伝的アルゴリズムは目的ごとに特化するよう調整されていることがよくあります。本章では、複数の問題を扱える、特にそのどれかに特化していないジェネリック

（汎用構成的）な遺伝的アルゴリズムを定義します。構成可能な選択肢がありますが、目的はアルゴリズムの基本を示すことで、調整可能性ではありません。

　遺伝的アルゴリズムで取り扱う個体のインタフェースの定義から始めましょう。抽象クラス Chromosome は、4つの基本機能を定義します。Chromosome は次ができなければなりません。

- 自分の適応性を決定する。
- ランダムに選んだ遺伝子でインスタンスを作る（第1世代に使う）。
- 交差を実装する（同じ型のもう1つと結合して子どもを作る）——言い換えると、別の染色体と自分を混ぜ合わせる。
- 変異する——小さな、かなりランダムな変更をする。

　この4つの条件を満たす Chromosome のコードを次に示します。

例 5-1　chromosome.py

```python
from __future__ import annotations
from typing import TypeVar, Tuple, Type
from abc import ABC, abstractmethod

T = TypeVar('T', bound='Chromosome') # 自分を返すため


# 全染色体の基底クラス、全メソッドがオーバライドされる
class Chromosome(ABC):
    @abstractmethod
    def fitness(self) -> float:
        ...

    @classmethod
    @abstractmethod
    def random_instance(cls: Type[T]) -> T:
        ...

    @abstractmethod
    def crossover(self: T, other: T) -> Tuple[T, T]:
        ...

    @abstractmethod
    def mutate(self) -> None:
        ...
```

 コンストラクタで、TypeVar T が Chromosome に束縛されているのに気付いたはずです。これは、型 T の変数に代入されるものはすべて Chromosome かそのサブクラスのインスタンスでなければならないことを意味します。

　アルゴリズムそのもの（Chromosome を扱うコード）をジェネリックなクラスとして実装し、将来のアプリケーションではこのサブクラスを使うことにします。しかし、その前に、本章の冒頭に述べた遺伝的アルゴリズムの記述を再確認して、遺伝的アルゴリズムのステップを明確に定義します。

1. アルゴリズムの第 1 世代を表すランダムな染色体の初期母集団を作る。
2. 母集団の現世代の各染色体の適応度を測る。しきい値を超えているものがあれば、それを返してアルゴリズムを停止する。
3. 繁殖のために適応度が高い染色体をより高い確率で選ぶ。
4. ある確率で染色体を選択して交差（結合）して次世代の母集団となる子どもを作る。
5. 通常は低確率で染色体の一部に変異を起こす。新世代の母集団ができたので、前世代の母集団を置き換える。
6. 世代数が最大限度に達するまでは、ステップ 2 に戻る。最大限度に達していたら、最良の染色体を返す。

　この遺伝的アルゴリズムの全体概要（**図 5-1** に示す）では重要な細部が多数抜けています。母集団にはいくつの染色体があればよいか、アルゴリズムを停止するしきい値はどうするか、繁殖のための染色体をどのようにして選ぶか、染色体をどのようにして、どのような確率で組み合わせ（交差）するか、変異が起こる確率をどうするか、何世代を経ればよいかなどです。

　これらの詳細すべてが GeneticAlgorithm クラスで構成可能です。順に定義していくのでそれぞれについて述べていきます。

例 5-2　genetic_algorithm.py

```python
from __future__ import annotations
from typing import TypeVar, Generic, List, Tuple, Callable
from enum import Enum
from random import choices, random
from heapq import nlargest
```

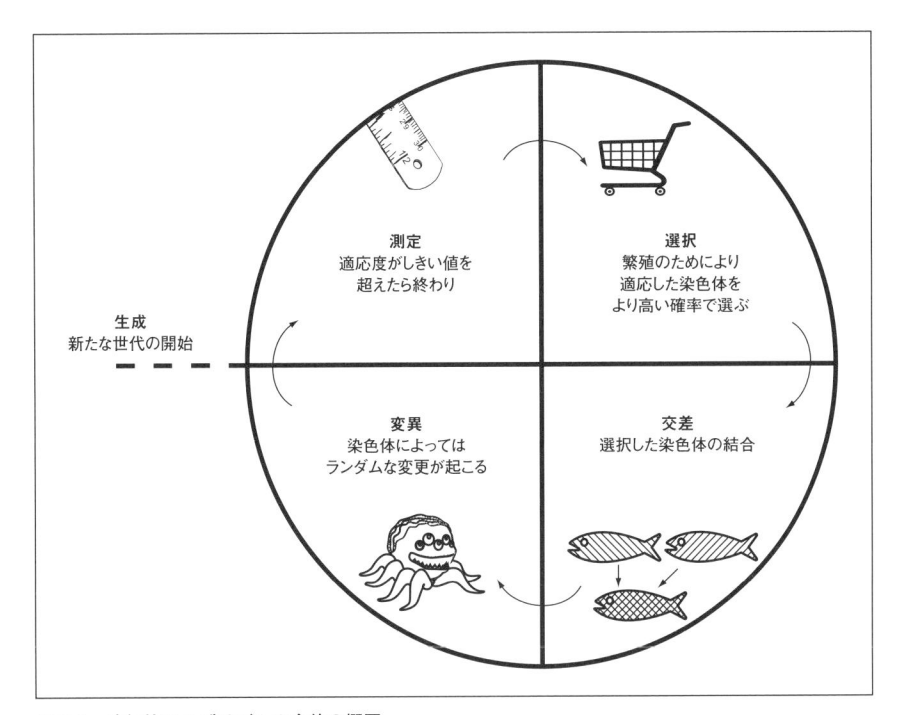

図 5-1　遺伝的アルゴリズムの全体の概要

```
from statistics import mean
from chromosome import Chromosome

C = TypeVar('C', bound=Chromosome) # 染色体の型


class GeneticAlgorithm(Generic[C]):
    SelectionType = Enum("SelectionType", "ROULETTE TOURNAMENT")
```

　GeneticAlgorithm は、Chromosome に適応するジェネリックな型を取り、その名前
は C です。enum（列挙型）の SelectionType は、アルゴリズムで使われる選択メソッ
ドを指定するための内部的な型です。遺伝的アルゴリズムの選択メソッドには、**ルー
レット選択（適応度比例選択とも言う）**と**トーナメント選択**の2つがよく使われます。
ルーレット選択ではすべての染色体に、その適応度に応じて選ばれる機会があります。
トーナメント選択では一定数のランダムに選ばれた染色体が競合して、最適なものが

選ばれます。

例5-3 genetic_algorithm.py 続き

```python
def __init__(self, initial_population: List[C], threshold: float, max_generations:
    int = 100, mutation_chance: float = 0.01, crossover_chance: float = 0.7,
    selection_type: SelectionType = SelectionType.TOURNAMENT) -> None:
    self._population: List[C] = initial_population
    self._threshold: float = threshold
    self._max_generations: int = max_generations
    self._mutation_chance: float = mutation_chance
    self._crossover_chance: float = crossover_chance
    self._selection_type: GeneticAlgorithm.SelectionType = selection_type
    self._fitness_key: Callable = type(self._population[0]).fitness
```

これは、__init__() により作成時に構成される遺伝的アルゴリズムの全プロパティです。initial_population はアルゴリズムの第1世代の母集団です。threshold は遺伝的アルゴリズムで問題の解が見つかったことを示す適応度レベルです。max_generations は実行する最大世代数です。これだけの世代を経ても適応度が threshold（しきい値）を超える解が見つからない場合は、それまでの最適解を返します。mutation_chance は各世代で染色体が変異する確率、crossover_chance は選ばれた両親が遺伝子を混ぜ合わせた子を持つ確率です。交差しないと子は親の複製になります。selection_type は enum の SelectionType にあった選択メソッドの種類です。

この初期化メソッドは引数が多いですが、ほとんどにデフォルト値があります。先程述べた構成値でインスタンスを作ります。この例では、_population は、Chromosome の random_instance() クラスメソッドを使い染色体の集合をランダムに生成します。言い換えると染色体の第1世代は、単にランダムな個体から成るだけです。ここは、より高度な遺伝的アルゴリズムで最適化されるところです。単なるランダムな個体集合ではなく、問題に関する専門知識を用いて、より解に近い個体を第1世代に選ぶことができます。これを**播種**（seeding）と言います。

_fitness_key は、GeneticAlgorithm で染色体の適応度計算に使うメソッドを指します。このクラスは Chromosome のサブクラスで働くことを思い出しましょう。すなわち、_fitness_key はサブクラスごとに異なるはずです。そこで、type() を使って適応度を計算する Chromosome のサブクラスを参照します。

次に、このクラスで使える2つの選択メソッドを検討します。

例 5-4 genetic_algorithm.py 続き

```
# 確率分布のルーレットで 2 つの親を選ぶ。
# 注記：負の適応度ではうまくいかない
def _pick_roulette(self, wheel: List[float]) -> Tuple[C, C]:
    return tuple(choices(self._population, weights=wheel, k=2))
```

　ルーレット選択は、染色体の世代の全適応度の総和に対する適応度の割合に基づいて選択します。最高適応度の染色体が選ばれる確率が高く、染色体の適応度を表す値を引数wheelで指定します。実際の選択は、Python標準ライブラリのrandomモジュールのchoices()関数で実行されます。この関数は、選択する事象のリスト、リスト内の事象の重みのリスト、選択する要素の個数を引数に取ります。

　この操作を自分で実装するなら、各要素の全適応度パーセントを計算して0から1までの浮動小数点数で表します。0から1の間の乱数を使ってどの染色体を選ぶかを決めます。染色体がその割合に応じて選択可能になっています。

　図 5-2 のような適応度割合に応じたルーレットを描くとわかりやすいでしょう。

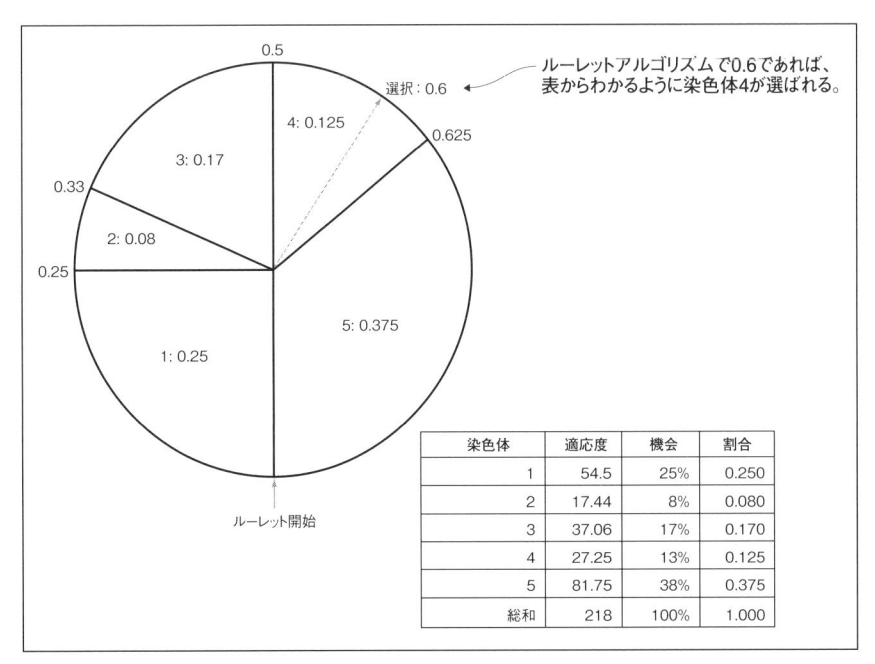

図 5-2　ルーレット選択の実行例

染色体	適応度	機会	割合
1	54.5	25%	0.250
2	17.44	8%	0.080
3	37.06	17%	0.170
4	27.25	13%	0.125
5	81.75	38%	0.375
総和	218	100%	1.000

　トーナメント選択の最も基本的なものは、ルーレット選択より簡単です。割合を計算する代わりに、母集団から無作為抽出で k 個の染色体を選びます。その中から適応度が最も高い2つの染色体を最終的に選びます。

例 5-5　genetic_algorithm.py 続き

```python
# num 個の無作為抽出した個体から最良の 2 つを選ぶ
def _pick_tournament(self, num_participants: int) -> Tuple[C, C]:
    participants: List[C] = choices(self._population, k=num_participants)
    return tuple(nlargest(2, participants, key=self._fitness_key))
```

　_pick_tournament() のコードはまず choices() を使って _population から num_participants 個を無作為抽出します。次に、heapq モジュールの nlargest() 関数を使って _fitness_key に最大適応度の2個体を選択します。num_participants の最適値は何でしょうか。遺伝的アルゴリズムの多くのパラメータと同様、試行錯誤が最適な決定方法です。覚えておかないといけないのは、トーナメントの参加者が多くなると、適応度の低い染色体が排除されるので母集団の分散が小さくなることです[†]。より高度なトーナメント選択では、ある種の低減確率モデルに基づいて最良ではなく2番または3番の染色体を選ぶことがあります。

　_pick_roulette() メソッドと _pick_tournament() メソッドは、繁殖時の選択に用いられます。繁殖は _reproduce_and_replace() で実装され、直前の世代と同じ個数の染色体を新たな母集団で置き換えることを保証します。

例 5-6　genetic_algorithm.py 続き

```python
# 母集団を新世代の個体で入れ替え
def _reproduce_and_replace(self) -> None:
    new_population: List[C] = []
    # 新世代で満たすまで続ける
    while len(new_population) < len(self._population):
        # 両親を選ぶ
        if self._selection_type == GeneticAlgorithm.SelectionType.ROULETTE:
            parents: Tuple[C, C] = self._pick_roulette([x.fitness() for x in
                self._population])
        else:
            parents = self._pick_tournament(len(self._population) // 2)
        # 両親の交差の可能性
```

[†]　原注：Artem Sokolov and Darrell Whitley, "Unbiased Tournament Selection," GECCO'05 (June 25?29, 2005, Washington, D.C., U.S.A.), http://mng.bz/S7l6

```
        if random() < self._crossover_chance:
            new_population.extend(parents[0].crossover(parents[1]))
        else:
            new_population.extend(parents)
    # 奇数個なら1つ取り除く
    if len(new_population) > len(self._population):
        new_population.pop()
    self._population = new_population # 置き換え
```

_reproduce_and_replace() では、次のステップを実行します。

1. parents と呼ばれる2つの染色体をどちらかの選択メソッドで選ぶ。トーナ
   メント選択では全体の母集団の半分で通常トーナメントを行うが、これも構
   成変更可能。
2. 2つの親を組み合わせて2つの新たな染色体を得る _crossover_chance があ
   り、新たな染色体は new_population に追加される。もし、子がなければ両
   親が new_population に追加される。
3. new_population に _population と同じ個数の染色体があれば、置き換える。
   そうでなければ、ステップ1に戻る。

変異を実装する _mutate() メソッドは非常に簡単で、実際にどのように変異を行う
かは個別の染色体に任されます。

例 5-7　genetic_algorithm.py 続き

```
# 個体は _mutation_chance の確率で変異
def _mutate(self) -> None:
    for individual in self._population:
        if random() < self._mutation_chance:
            individual.mutate()
```

遺伝的アルゴリズムを実行するのに必要な構成要素がすべて揃いました。run() が
測定、繁殖（選択を含む）、変異というステップを実行して、世代を進めます。探索
の途中では最良（最適）染色体の記録も保持します。

例 5-8　genetic_algorithm.py 続き

```
# max_generations 世代の遺伝的アルゴリズムを実行し、最良個体を返す
def run(self) -> C:
    best: C = max(self._population, key=self._fitness_key)
```

```
    for generation in range(self._max_generations):
        if best.fitness() >= self._threshold: # early exit if we beat threshold
            return best
        print(f"Generation {generation} Best {best.fitness()} Avg
            {mean(map(self._fitness_key, self._population))}")
        self._reproduce_and_replace()
        self._mutate()
        highest: C = max(self._population, key=self._fitness_key)
        if highest.fitness() > best.fitness():
            best = highest # 新たな最良個体を見つけた
return best # max_generations 内で見つけた最良個体
```

best がこれまでに調べた中で最良の染色体を保持しています。メインループは _max_generations 回実行します。適応度が threshold を超える染色体があれば、それを返してメソッドは終了します。そうでなければ、_reproduce_and_replace() と _mutate() を呼び出して、次の世代を作り、ループ実行を続けます。_max_generations に達すると、それまでに見つけた最良の染色体を返します。

5.3　簡単なテスト　[問題20　式の最大値]

ジェネリックな遺伝的アルゴリズム GeneticAlgorithm は、どんな種類の Chromosome 実装でも実行できます。テストとして、伝統的手法でも簡単に解ける問題を使います。式 $6x - x^2 + 4y - y^2$ の最大値を求めます。言い換えると、x と y のどのような値が最大値を与えるかです。

偏微分を行い、x と y のそれぞれを 0 におけば、最大値を与える解がすぐに求められます。答えは $x = 3$、$y = 2$ です。方程式を解かないで遺伝的アルゴリズムを用いても同じ答えになるでしょうか。やってみましょう。

例 5-9　simple_equation.py

```
from __future__ import annotations
from typing import Tuple, List
from chromosome import Chromosome
from genetic_algorithm import GeneticAlgorithm
from random import randrange, random
from copy import deepcopy


class SimpleEquation(Chromosome):
```

```
def __init__(self, x: int, y: int) -> None:
    self.x: int = x
    self.y: int = y

def fitness(self) -> float: # 6x - x^2 + 4y - y^2
    return 6 * self.x - self.x * self.x + 4 * self.y - self.y * self.y

@classmethod
def random_instance(cls) -> SimpleEquation:
    return SimpleEquation(randrange(100), randrange(100))

def crossover(self, other: SimpleEquation) -> Tuple[SimpleEquation, SimpleEquation]:
    child1: SimpleEquation = deepcopy(self)
    child2: SimpleEquation = deepcopy(other)
    child1.y = other.y
    child2.y = self.y
    return child1, child2

def mutate(self) -> None:
    if random() > 0.5: #  x を変異
        if random() > 0.5:
            self.x += 1
        else:
            self.x -= 1
    else: #  y を変異
        if random() > 0.5:
            self.y += 1
        else:
            self.y -= 1

def __str__(self) -> str:
    return f"X: {self.x} Y: {self.y} Fitness: {self.fitness()}"
```

SimpleEquation が Chromosome になるので、名前の通り簡単に解くことができます。SimpleEquation 染色体の遺伝子は x と y です。fitness() メソッドが式 $6x - x^2 + 4y - y^2$ を使って x と y を評価します。GeneticAlgorithm にとって、値が大きいほど染色体の適応度が大きくなります。x と y は 0 と 100 との間の整数の乱数値を初期値としますので、random_instance() はその値を使って新しい SimpleEquation をインスタンス化しさえすればよいのです。crossover() で 1 つの SimpleEquation を別のものと結合するには、両インスタンスの y 値を交換して 2 つの子を作ります。mutate() はランダムに x と y の値を増減します。これでほぼ終わりです。

SimpleEquation が Chromosome に適応するので、GeneticAlgorithm をすぐ使えます。

例 5-10　simple_equation.py 続き

```
if __name__ == "__main__":
    initial_population: List[SimpleEquation] = [SimpleEquation.random_instance() for _
        in range(20)]
    ga: GeneticAlgorithm[SimpleEquation] =
        GeneticAlgorithm(initial_population=initial_population, threshold=13.0,
        max_generations = 100, mutation_chance = 0.1, crossover_chance = 0.7)
    result: SimpleEquation = ga.run()
    print(result)
```

使用したパラメータ値は試行錯誤で得ました。読者は他の値を試してみてください。しきい値 threshold は、すでに答えがわかっているので 13.0 にしました。$x=3$、$y=2$ のとき、式の値は 13 になります。

答えがわかっていなければ、何世代か実行した最良の結果を調べると思います。その場合には、threshold を適当に大きな数にします。遺伝的アルゴリズムは確率的なので、実行するたびに結果が異なることを覚えておいてください。

次の出力例では、9 世代で問題が解けました。

```
Generation 0 Best -349 Avg -6112.3
Generation 1 Best 4 Avg -1306.7
Generation 2 Best 9 Avg -288.25
Generation 3 Best 9 Avg -7.35
Generation 4 Best 12 Avg 7.25
Generation 5 Best 12 Avg 8.5
Generation 6 Best 12 Avg 9.65
Generation 7 Best 12 Avg 11.7
Generation 8 Best 12 Avg 11.6
X: 3 Y: 2 Fitness: 13
```

ご覧の通り、方程式を解いた正解 $x=3$、$y=2$ に達しました。世代を重ねるごとに正解に近づくこともわかります。

遺伝的アルゴリズムが他の手法よりも計算資源を消費することを考えると、実世界では、こんな簡単な最大化問題に遺伝的アルゴリズムを使うのは好ましくありません。しかし、この簡単な実装で遺伝的アルゴリズムの働きを確認することができました。

5.4 再び SEND＋MORE＝MONEY
［問題21 遺伝的アルゴリズムによるSEND＋MORE＝MONEY］

　3章で、制約充足問題フレームワークを使って古典的な暗号計算問題 SEND＋ MORE＝MONEY を解きました（この問題がどんなものだったか思い出すためには、「3.5 SEND＋MORE＝MONEY」に戻ってください）。この問題は、遺伝的アルゴリズムを使っても妥当な時間内に解くことができます。

　問題を遺伝的アルゴリズムで解く場合に一番難しいのは問題の表現です。暗号計算問題の便利な表現法は、数字をリストのインデックスに使うものです[†]。そうすると、10個の数字（0, 1, 2, 3, 4, 5, 6, 7, 8, 9）を表すのに10要素のリストが必要になります。この問題で扱う文字はあちらこちらに出てきます。例えば、文字 E が数字の4だとしたなら、list[4] = "E" で、SEND＋MORE＝MONEY には8つの異なる文字（S, E, N, D, M, O, R, Y）がありますから、配列要素の10のうちの2つが空のままになります。文字が入らないことを示すために空白で埋めておかないといけません。

　SEND＋MORE＝MONEY 問題を表す染色体は SendMoreMoney2 と表します。fitness() メソッドが3章の SendMoreMoneyConstraint の satisfied() に似ています。

例 5-11　send_more_money2.py

```python
from __future__ import annotations
from typing import Tuple, List
from chromosome import Chromosome
from genetic_algorithm import GeneticAlgorithm
from random import shuffle, sample
from copy import deepcopy


class SendMoreMoney2(Chromosome):
    def __init__(self, letters: List[str]) -> None:
        self.letters: List[str] = letters

    def fitness(self) -> float:
        s: int = self.letters.index("S")
        e: int = self.letters.index("E")
        n: int = self.letters.index("N")
```

[†]　原注：Reza Abbasian and Masoud Mazloom, "Solving Cryptarithmetic Problems Using Parallel Genetic Algorithm," 2009 Second International Conference on Computer and Electrical Engineering, http://mng.bz/RQ7V

```
        d: int = self.letters.index("D")
        m: int = self.letters.index("M")
        o: int = self.letters.index("O")
        r: int = self.letters.index("R")
        y: int = self.letters.index("Y")
        send: int = s * 1000 + e * 100 + n * 10 + d
        more: int = m * 1000 + o * 100 + r * 10 + e
        money: int = m * 10000 + o * 1000 + n * 100 + e * 10 + y
        difference: int = abs(money - (send + more))
        return 1 / (difference + 1)

    @classmethod
    def random_instance(cls) -> SendMoreMoney2:
        letters = ["S", "E", "N", "D", "M", "O", "R", "Y", " ", " "]
        shuffle(letters)
        return SendMoreMoney2(letters)

    def crossover(self, other: SendMoreMoney2) -> Tuple[SendMoreMoney2, SendMoreMoney2]:
        child1: SendMoreMoney2 = deepcopy(self)
        child2: SendMoreMoney2 = deepcopy(other)
        idx1, idx2 = sample(range(len(self.letters)), k=2)
        l1, l2 = child1.letters[idx1], child2.letters[idx2]
        child1.letters[child1.letters.index(l2)], child1.letters[idx2] = \
            child1.letters[idx2], l2
        child2.letters[child2.letters.index(l1)], child2.letters[idx1] = \
            child2.letters[idx1], l1
        return child1, child2

    def mutate(self) -> None: # swap two letters' locations
        idx1, idx2 = sample(range(len(self.letters)), k=2)
        self.letters[idx1], self.letters[idx2] = self.letters[idx2], self.letters[idx1]

    def __str__(self) -> str:
        s: int = self.letters.index("S")
        e: int = self.letters.index("E")
        n: int = self.letters.index("N")
        d: int = self.letters.index("D")
        m: int = self.letters.index("M")
        o: int = self.letters.index("O")
        r: int = self.letters.index("R")
        y: int = self.letters.index("Y")
        send: int = s * 1000 + e * 100 + n * 10 + d
        more: int = m * 1000 + o * 100 + r * 10 + e
        money: int = m * 10000 + o * 1000 + n * 100 + e * 10 + y
```

```
difference: int = abs(money - (send + more))
return f"{send} + {more} = {money} Difference: {difference}"
```

しかし、3章の satisfied() とこの fitness() との間には大きな違いもありま
す。fitness() は 1 / (difference + 1) を返します。difference は、MONEY と
SEND＋MORE の間の違いの絶対値です。戻り値は、染色体が問題解決からどの程
度離れているかを表します。fitness() を最小化するのが目的なら difference 自体
を返せばよかったでしょう。しかし、GeneticAlgorithm が fitness() を最大にしよ
うとしているので、逆に（小さな値が大きく見えるように）する必要があり、1を
difference + 1で割っているのです。1を足しているのは、difference が 0 のとき
に fitness() が無限大ではなく 1 になるようにするためです。**表 5-1** でこの働きを
示します。

表 5-1　式 1 / (difference + 1) による適応度の最大化

difference	difference + 1	fitness (1/(difference + 1))
0	1	1
1	2	0.5
2	3	0.25
3	4	0.125

　違い（difference）が小さいほど良く、適応度（fitness）が大きいほど良いので
した。この式 1 / (difference + 1) が両方を実現するのです。適応値で 1 を割ると、
最小化問題が最大化問題になります。しかし、バイアスが生じることもあるので、常
にうまくいくとは限りません[†]。

　random_instance() は random モジュールの shuffle() 関数を使います。
crossover() は 2 つの染色体の letters リストのランダムに選んだ 2 つのインデック
スで、第 1 の染色体のそのインデックスの文字を第 2 の染色体の同じ位置の文字と
入れ替え、第 2 の染色体でも同じようにします。子どもにこの入れ替えを起こします。
mutate() は letters リストのランダムに選んだ 2 つの位置で文字を入れ替えます。

　SimpleEquation のときと同様に、SendMoreMoney2 を GeneticAlgorithm に組み込
むことができます。ただし、前もって注意しておくと、これはかなり厳しい問題で、

[†]　原注：例えば、1 を一様分散の整数で単純に割ると、普通のマイクロプロセッサの浮動小数点数演算では予
期しない結果になるという問題があるので、1 に近い数よりも 0 に近い数の方が多いということになりか
ねない。最小化問題を最大化問題に変換する別の方式には、符号を逆にする（正を負にする）方式もある。
しかし、これはそもそもすべてが正の値でないとうまくいかない。

パラメータを下手に選ぶと実行に長い時間がかかります。また、ランダム性があることにも注意しなければなりません。この問題は数秒で解けることもあれば、数分かかることもあります。残念ながら、これが遺伝的アルゴリズムの性質なのです。

例 5-12　send_more_money2.py 続き

```
if __name__ == "__main__":
    initial_population: List[SendMoreMoney2] = [SendMoreMoney2.random_instance() for _
        in range(1000)]
    ga: GeneticAlgorithm[SendMoreMoney2] =
        GeneticAlgorithm(initial_population=initial_population, threshold=1.0,
        max_generations = 1000, mutation_chance = 0.2, crossover_chance = 0.7,
        selection_type=GeneticAlgorithm.SelectionType.ROULETTE)
    result: SendMoreMoney2 = ga.run()
    print(result)
```

次の出力は、各世代で 1,000 個体を使い、3 世代で問題を解いたときの実行結果です。GeneticAlgorithm のパラメータを調整し、より少ない個体で同じような答えが得られないか調べてみてください。トーナメント選択よりもルーレット選択の方がうまくいくでしょうか。

```
Generation 0 Best 0.0040650406504065045 Avg 8.854014252391551e-05
Generation 1 Best 0.16666666666666666 Avg 0.001277329479413134
Generation 2 Best 0.5 Avg 0.014920889170684687
8324 + 913 = 9237 Difference: 0
```

この解は SEND = 8324, MORE = 913, MONEY = 9237 です。正しいのでしょうか。文字が抜けています。実は M = 0 で、2 章では不可能だった解が複数あります。MORE が実は 0913、MONEY が 09237 であり、出力では 0 が無視されていました。

5.5　リスト圧縮の最適化　［問題22　リストの最適圧縮］

圧縮したい情報があったとします。それが要素のリストで、要素がきちんとしていれば、その順序は気にしないものとします。要素をどのように並べると圧縮率が最大になるでしょうか。ほとんどの圧縮アルゴリズムで、要素の順序が圧縮率に影響することを知っていましたか。

もちろん、解は用いられている圧縮アルゴリズムに依存します。例えば、ここでは標準ライブラリの zlib モジュールの compress() 関数を使います。ここに示す解は、

12 個の名前のリストに対するものです。遺伝的アルゴリズムを使わず、12 個の名前を元の順序で compress() だけを実行すると、圧縮データは 165 バイトになります。

例 5-13　list_compression.py

```python
from __future__ import annotations
from typing import Tuple, List, Any
from chromosome import Chromosome
from genetic_algorithm import GeneticAlgorithm
from random import shuffle, sample
from copy import deepcopy
from zlib import compress
from sys import getsizeof
from pickle import dumps

PEOPLE: List[str] = ["Michael", "Sarah", "Joshua", "Narine", "David", "Sajid", "Melanie",
"Daniel", "Wei", "Dean", "Brian", "Murat", "Lisa"] # 165 バイト圧縮


class ListCompression(Chromosome):
    def __init__(self, lst: List[Any]) -> None:
        self.lst: List[Any] = lst

    @property
    def bytes_compressed(self) -> int:
        return getsizeof(compress(dumps(self.lst)))

    def fitness(self) -> float:
        return 1 / self.bytes_compressed

    @classmethod
    def random_instance(cls) -> ListCompression:
        mylst: List[str] = deepcopy(PEOPLE)
        shuffle(mylst)
        return ListCompression(mylst)

    def crossover(self, other: ListCompression) -> Tuple[ListCompression, ListCompression]:
        child1: ListCompression = deepcopy(self)
        child2: ListCompression = deepcopy(other)
        idx1, idx2 = sample(range(len(self.lst)), k=2)
        l1, l2 = child1.lst[idx1], child2.lst[idx2]
        child1.lst[child1.lst.index(l2)], child1.lst[idx2] = child1.lst[idx2], l2
        child2.lst[child2.lst.index(l1)], child2.lst[idx1] = child2.lst[idx1], l1
        return child1, child2
```

```
def mutate(self) -> None: # 2 つの位置入れ替え
    idx1, idx2 = sample(range(len(self.lst)), k=2)
    self.lst[idx1], self.lst[idx2] = self.lst[idx2], self.lst[idx1]

def __str__(self) -> str:
    return f"Order: {self.lst} Bytes: {self.bytes_compressed}"


if __name__ == "__main__":
    initial_population: List[ListCompression] = [ListCompression.random_instance() for _ in
        range(100)]
    ga: GeneticAlgorithm[ListCompression] =
        GeneticAlgorithm(initial_population=initial_population, threshold=1.0,
        max_generations = 100, mutation_chance = 0.2, crossover_chance = 0.7,
        selection_type=GeneticAlgorithm.SelectionType.TOURNAMENT)
    result: ListCompression = ga.run()
    print(result)
```

　この実装が直前の SEND + MORE = MONEY の実装とよく似ていることに注意してください。関数 crossover() と mutate() は本質的に同じです。両方とも問題の解は、要素のリストに対して配置を次々と替えてはチェックを続けていきます。広範囲の問題を扱えるように、これらの問題の解をジェネリックなスーパークラスとして書くこともできるでしょう。要素のリストに対してその最適順序を求める問題が同じようにして解くことができます。サブクラスのカスタム化で実際に必要なのは、それぞれの適応度関数です。

　list_compression.py を実行すると、完了までに非常に長い時間がかかります。これは、前の 2 つの問題とは異なって、前もって何が「正しい」答えになるかがわからず、実際のしきい値もわからないからです。その代わりに、各世代の個体数と世代数とを適当に大きな値にして幸運を願います。12 個の名前の順序を変えて圧縮した最小バイト数はいくつでしょうか。答えはまだわかっていません。上に示した構成で著者が実行した最良の結果は、546 世代で得られた 159 バイトへの圧縮でした。

　これは元の順序に対してたった 6 バイト、約 4％ の節約です。4％ など問題にならないという人もいるでしょうが、実際に、これがもっと大きなリストでネットワーク上で何度もやり取りされるものだとしたら、節約量は積み上がります。インターネットで 10,000,000 回転送される 1 メガバイトのリストだとしてみてください。遺伝的アルゴリズムで 4％ 節約できれば、転送のたびに 40 キロバイト、最終的に 400 ギガ

バイトのバンド幅が節約できます。膨大な量ではないでしょうが、遺伝的アルゴリズムを1度実行して準最適な圧縮順序を見出すだけの価値が認められるはずです。

12個の名前の最適順序が見つかるかどうかはわからないことを再度考えてみます。どうすれば、見つかったとわかるのでしょうか。圧縮アルゴリズムを深く理解しない限り、リストのあらゆる順序を試してみるしかありません。12個のリストだけでも手に負えないほどの479,001,600通り（12の階乗）の順序があります。遺伝的アルゴリズムを使って、ほぼ最適な解を見つける方が、たとえ本当に最適な解であるかどうかわからなくても妥当でしょう。

5.6 遺伝的アルゴリズムの課題

遺伝的アルゴリズムは万能ではありません。実際、ほとんどの問題に適しているとは言えません。高速な決定的アルゴリズムが存在するような問題では、遺伝的アルゴリズムは意味がありません。遺伝的アルゴリズムは本質的に確率論的なので実行時間を予測できません。これを避けるには、ある世代数後に停止することです。そうすると、真に最適な解が見つかったかどうかわかりません。

よく使われているアルゴリズムの教科書を書いている Steven Skiena は、次のように言っています。

> 「私は遺伝的アルゴリズムが正しい方式だと思う問題に出会ったことがない。それどころか、遺伝的アルゴリズムを使って計算論的になるほどと思える結果を出した報告を見たこともまったくない[†]。」

Skiena の意見は少々極端ですが、遺伝的アルゴリズムは他に良い解法が存在しないと確信できる場合にのみ選ぶべきだということを示しています。遺伝的アルゴリズムのもう1つの問題点は、問題の解をどのように染色体として表現するかです。伝統的な方式は、バイナリ列（0と1のビット列）を使います。これは空間節約に適していて、交差を簡単に実現できます。しかし、複雑な問題では、解をこのようなビット列で表すことが困難です。

本章で述べたルーレット選択の課題も述べておく価値があります。ルーレット選択は「適応度比例選択」とも呼ばれ、相対的に適応した個体が選択のたびに選ばれるの

[†] 　原注：Steven Skiena『The Algorithm Design Manual, 2nd edition』Springer、2010、267 ページ（日本語訳『アルゴリズム設計マニュアル（上）』丸善出版、2012、288 ページのコラム）。

で母集団から多様性が失われてしまいます。他方では、適応値が近接していると、選択圧が失われてしまいます[†]。さらに、本章のように構成したルーレット選択では、「**5.3　簡単なテスト**」でのような負の値になる適応度を持つ問題を扱えません。

　まとめると、遺伝的アルゴリズムを使う価値のある大規模問題のほとんどに対して、遺伝的アルゴリズムは、予測できる時間内で最適解を見つけることを保証できません。そのため、最適解は望まず、「十分良い」解があればよいという状況でよく使われます。実装は簡単ですが、パラメータの調整には試行錯誤を重ねる必要があります。

5.7　実世界での応用

　Skiena の意見とは裏腹に、遺伝的アルゴリズムは多くの問題にしばしば効果的に使われています。伝統的な方式では大きすぎる制約充足問題のような完全最適解を必要としない困難な問題に対してよく使われます。

　遺伝的アルゴリズムは、計算生物学のアプリケーションの多くでも使われています。レセプターに結合する微小分子の構成を探索するタンパク質―リガンドドッキングに用いられて成功しています。医薬品研究に使われて自然の働きを理解する上で役に立っています。

　9章で扱う巡回セールスマン問題は、コンピュータサイエンスで最も有名な問題の1つです。巡回セールスマン問題では、地図上のすべての都市を1回だけ訪問して出発点に戻る最短経路を求めます。これは、4章の最小被覆木に似ているように思えますが、異なります。巡回セールスマン問題では巨大な閉路を巡回するコストを最小にしますが、最小被覆木では全都市の接続コストを最小にします。最小被覆木を巡回する人は、全都市を訪問するために同じ都市を2度訪れる可能性があります。よく似ているように思えますが、任意個の都市を訪問する巡回セールスマン問題では良いアルゴリズムがまだわかっていません。遺伝的アルゴリズムは、準最適ながらかなり良好な解を短時間で見つけます。この問題は商品の効率的な配送に広く適用できます。例えば、FedEx や UPS や宅配便のトラックでは毎日巡回セールスマン問題に挑戦しています。この問題を解くアルゴリズムは、さまざまな産業分野でコスト削減を達成できます。

　コンピュータによるアートでは遺伝的アルゴリズムを使って確率統計手法を用いた

[†]　原注：A.E. Eiben and J.E. Smith, Introduction to Evolutionary Computing, 2nd edition (Springer, 2015), p. 81

写真を模倣することがあります。50個の多角形をスクリーン上にランダムに配置して、ゆっくりとひねったり、回転したり、動かしたり、サイズや色を変えて、写真にできるだけ似せることを想像してください。結果は抽象画の作品や、先の尖った形を使えばステンドグラスの窓に似たものになります。

遺伝的アルゴリズムは、進化的計算論というより大きな分野の一部です。遺伝的アルゴリズムに密接に関係する進化的計算論の分野に**遺伝的プログラミング**があります。遺伝的プログラミングでは、プログラミング問題の自明でない解を求めるために、プログラムが選択、交差、変異という演算を自分自身に行います。遺伝的プログラミングは広く使われている技法ではありませんが、将来、プログラムが自分自身でプログラムを書くようになれば変わってくるかもしれません。

遺伝的プログラミングの利点は、並列化も容易であることです。簡単な方式は、各母集団を別々のプロセッサでシミュレーションすることです。最も細かい粒度では、各個体を別々のスレッドで変異や交差を行い、適応度を計算します。その中間の並列性も可能です。

5.8 練習問題

1. GeneticAlgorithm に、低減確率に基づきトーナメント選択において第2または第3位の染色体を時々選ぶ、より高度な選択形式のサポートを追加しなさい。

2. 3章の制約充足フレームワークに、遺伝的アルゴリズムを使って任意のCSPを解く新しい関数を追加しなさい。適応度としては各染色体によって充足できる制約の個数を使うことが考えられます。

3. Chromosome を実装する BitString クラスを作りなさい。1章を復習してビット列とは何かを思い出しなさい。このクラスを使って、本章の「**5.3 簡単なテスト**」の問題を解きなさい。問題をどのようにしてビット列で表しましたか。

6章
k平均クラスタリング

人文社会学が今日ほど社会のさまざまな側面について、大量のデータを扱う時代はありませんでした。データセットの特に保存に関してはコンピュータは偉大ですが、人間によってデータセットが分析されるまではデータには価値がほとんどありませんでした。計算技術によって、人間はデータセットから意味を引き出せるようになったのです。

クラスタリングは、データセットの点をグループ分けする技法です。クラスタリングが成功すれば、各グループには互いに関連するデータポイントが含まれます。その関係に意味があるかどうかは人間が検証する必要があります。

クラスタリングにおいては、データポイントの属するグループ（**クラスタ**）は前もって決まっておらず、クラスタリングアルゴリズムの実行によって決まります。実際、クラスタリングアルゴリズムは、前提情報でデータポイントをクラスタに割り当てるためのヒントを与えません。そのために、クラスタリングは機械学習の中では教師なし学習に分類されます。「教師なし」とは「前提知識でガイドされない」という意味です。

クラスタリングはデータセットの構造を学ぶには便利ですが、前もってそれがどのようになるかはわかりません。例えば、食料品店を経営していて顧客の購買に関するデータを収集することを想像しましょう。週のうちで適切な時期に特売品のモバイル広告を流して、顧客に店に来てもらいたいとします。データを曜日と顧客層でクラスタリングしたとします。例えば、若年層は火曜日に買い物に来ることが示されると、その情報を使って火曜日に情報を流します。

6.1　準備

　このクラスタリングアルゴリズムでは、統計の基本操作（平均、標準偏差など）が必要です。Python 3.4 以降では標準ライブラリの **statistics** モジュールに統計の基本関数が含まれています。本章では標準ライブラリを使いますが、世の中には **NumPy** のような性能の優れたサードパーティライブラリがありますから、特にビッグデータを使うような性能が重要なアプリケーションではそれらを使った方が良いでしょう。

　簡単のために、本章で使うデータセットはすべて float 型で表現できるものとしますので、float のリストやタプルの演算を多数使います。基本統計演算 sum(), mean(), pstdev() は標準ライブラリで定義されています。その定義は統計の教科書に載っている通りです。z 値を計算する関数も必要になります。

例 6-1　kmeans.py

```python
from __future__ import annotations
from typing import TypeVar, Generic, List, Sequence
from copy import deepcopy
from functools import partial
from random import uniform
from statistics import mean, pstdev
from dataclasses import dataclass
from data_point import DataPoint


def zscores(original: Sequence[float]) -> List[float]:
    avg: float = mean(original)
    std: float = pstdev(original)
    if std == 0: # return all zeros if there is no variation
        return [0] * len(original)
    return [(x - avg) / std for x in original]
```

 pstdev() は母集団の標準偏差を、stdev() はサンプルの標準偏差を求めます。

　zscores() は浮動小数点数のシーケンスを受け取り、各要素のシーケンス全体に対する z 値からなる浮動小数点数のリストに変換します。z 値については後でさらに述

べます。

 統計の基本は本書の範囲外ですが、本章を理解するには平均と標準偏差の基礎さえわかっていれば十分です。統計を学んだのがかなり以前のことで復習する必要があったり、学んだことがないのであれば、この基礎的な概念を統計の入門書など（例えば、『Statistics in a nutshell, 2nd Edition』O'Reilly、2012、日本語訳『統計クイックリファレンス第 2 版』オライリー・ジャパン、2015）でこのような基礎的なことがらを勉強しておくとよいでしょう。

　あらゆるクラスタリングアルゴリズムはデータポイントを使います。この k 平均クラスタリングの実装も例外ではありません。DataPoint という共通インタフェースを定義します。簡単のために、data_point.py ファイルで定義します。

例 6-2　data_point.py

```python
from __future__ import annotations
from typing import Iterator, Tuple, List, Iterable
from math import sqrt


class DataPoint:
    def __init__(self, initial: Iterable[float]) -> None:
        self._originals: Tuple[float, ...] = tuple(initial)
        self.dimensions: Tuple[float, ...] = tuple(initial)

    @property
    def num_dimensions(self) -> int:
        return len(self.dimensions)

    def distance(self, other: DataPoint) -> float:
        combined: Iterator[Tuple[float, float]] = zip(self.dimensions, other.dimensions)
        differences: List[float] = [(x - y) ** 2 for x, y in combined]
        return sqrt(sum(differences))

    def __eq__(self, other: object) -> bool:
        if not isinstance(other, DataPoint):
            return NotImplemented
        return self.dimensions == other.dimensions

    def __repr__(self) -> str:
        return self._originals.__repr__()
```

　データポイントは、どれも同じ種類のデータポイントと等しいかを __eq__() で

調べることができて、人間がデバッグできるように `__repr__()` で出力できなければなりません。どの型のデータポイントにも次元（`num_dimensions`）があります。`dimensions` タプルが各次元の実際の値を `float` で格納します。`__init__()` メソッドは、必要な次元の値のイテラブルを取ります。これらの `dimensions` は後で k 平均の z 値で置き換えられるので、初期データのコピーを後で出力するときのために `_originals` に保持しておきます。

　k 平均に取り掛かる前に、準備として最後に必要なのは、同じ型の 2 つのデータポイントの距離の計算方法です。距離計算には多数の方式がありますが、k 平均で最もよく使われるのはユークリッド距離です。これはピタゴラスの定理から導かれる普通に学校で教わる距離の公式です。実際、2 章で迷路の 2 つの位置の間の距離の計算で、2 次元平面でのユークリッド距離の公式を用いました。`DataPoint` に対しては、次元数がいくらでも良いので、もっと複雑なものになります。

　この `distance()` は、非常に簡潔で何次元の `DataPoint` 型でも扱えます。`zip()` 呼び出しで、2 点の各次元の対がシーケンスになったタプルが得られます。リスト内包表記で、各次元の各点間の差を求めて二乗します。`sum()` で総和を取り、`distance()` が返す最終的な値は、この総和の平方根です。

6.2　k 平均クラスタリングアルゴリズム
［問題23　k平均クラスタリング］

　k 平均クラスタリングアルゴリズムでは、データポイントを前もって決めた個数のクラスタに、各点のクラスタの中心からの相対距離に基づいてグループ分けします。k 平均法では毎回、全データポイントと全クラスタの中心（重心と呼ぶ）との距離を計算します。各点は近くの重心のクラスタに割り当てられます。アルゴリズムは再度全重心を計算し、各クラスタに割り当てられた点の平均を求め、古い重心を新しい平均で置き換えます。点を割り当て重心を再計算する処理を重心が動かなくなるか、決められた反復回数限度に達するかまで続けます。

　k 平均の最初の点の次元は大きさがだいたい揃っていることが必要です。そうでないと、最大の相違のある次元でクラスタリングに歪みが出ます。さまざまな種類のデータ（この例の場合は異なる次元の）の大きさを揃える処理を**正規化**と言います。データを正規化するためによく使う方法の 1 つが、同じ種類の他の値との相対的な**z 値**（**標準スコア**）に基づいて各値を評価することです。z 値は、その値からすべて

の値の平均を引いて、それをすべての値の標準偏差で割ることで計算できます。前節の zscores() 関数が、float のイテラブルですべての値についてこれを行います。

　最初の重心をどのように選ぶかが、k 平均では難しいところです。このアルゴリズムのほとんどの基本形では最初の重心をデータのある場所からランダムに選んでおり、本章の実装もそうします。データを k 個のクラスタに分ける、その k（k 平均の k）を選択するのも難しいところです。古典的なアルゴリズムでは、ユーザが個数を決定しますが、必ずしもユーザに適切な値がわかっているとは限らず、これには実験が必要です。本章では、k をユーザが定義します。

　こういった検討結果をステップにまとめると、この k 平均クラスタリングアルゴリズムは次のようになります。

1. データポイントと k 個の空クラスタを初期化する。
2. 全データポイントを正規化する。
3. 各クラスタに重心をランダムに割り当てる。
4. 各データポイントに一番近い重心を割り当てる。
5. クラスタの中心（平均）が重心になるように再計算する。
6. ステップの4と5を、重心が動かなくなる（収束）か、最大反復回数に達するかまで繰り返す。

　概念的には、k 平均法は単純です。反復のたびに、データポイントに中心が一番近いクラスタが割り当てられ、クラスタに新たな点が加えられるたびに中心が移動します。これを**図 6-1** で説明します。

　5 章の GeneticAlgorithm と同様に、状態を管理してアルゴリズムを実行するクラスを実装します。kmeans.py ファイルの内容の一部を次に示します。

例 6-3　kmeans.py 続き

```
Point = TypeVar('Point', bound=DataPoint)


class KMeans(Generic[Point]):
    @dataclass
    class Cluster:
        points: List[Point]
        centroid: DataPoint
```

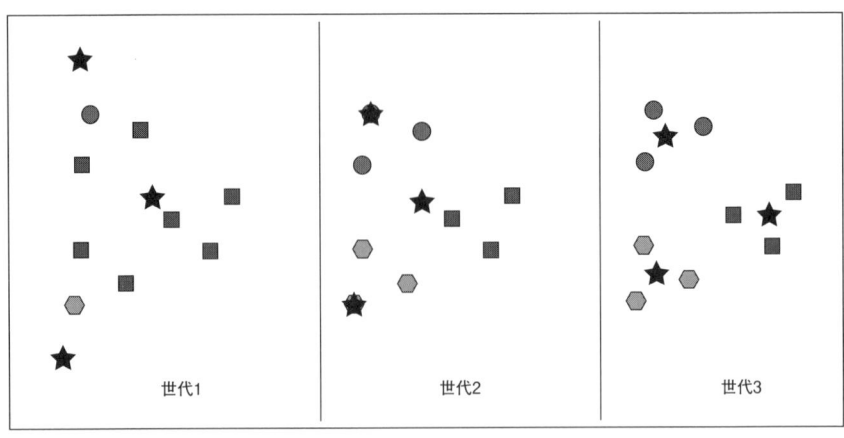

図 6-1　あるデータセットで 3 世代経過した k 平均法の例。星印が重心。色と形でクラスタの要素 (世代ごとに変化) を示す

　KMeans はジェネリッククラスです。Point の型を束縛する DataPoint またはそのサブクラスで働きます。演算時に個々のクラスタを管理する内部クラス Cluster を持ちます。各 Cluster にはデータポイントと重心があります。

　外側のクラスの __init__() メソッドを次に示します。

例 6-4　kmeans.py 続き

```python
def __init__(self, k: int, points: List[Point]) -> None:
    if k < 1: # k 平均はクラスタ数が 0 または負ではうまくいかない
        raise ValueError("k must be >= 1")
    self._points: List[Point] = points
    self._zscore_normalize()
    # ランダムな重心で空クラスタ初期化
    self._clusters: List[KMeans.Cluster] = []
    for _ in range(k):
        rand_point: DataPoint = self._random_point()
        cluster: KMeans.Cluster = KMeans.Cluster([], rand_point)
        self._clusters.append(cluster)

@property
def _centroids(self) -> List[DataPoint]:
    return [x.centroid for x in self._clusters]
```

　KMeans には配列 _points があります。これがデータセットの全点です。この点はクラスタに分けられて、_clusters 変数に格納されます。初期化時に KMeans はクラ

スタの個数（*k*）を知っておく必要があります。どのクラスタにもランダムに重心が割り当てられます。アルゴリズムが使う全点は z 値で正規化されます。_centroids プロパティは、アルゴリズムのクラスタの全重心を計算して返します。

例 6-5　kmeans.py 続き

```python
def _dimension_slice(self, dimension: int) -> List[float]:
    return [x.dimensions[dimension] for x in self._points]
```

_dimension_slice() はデータの列を返すと考えると便利なメソッドです。データポイントのあるインデックスの値すべてのリストを返します。例えば、データポイントが DataPoint 型なら、_dimension_slice(0) がデータポイントの第 1 次元の値のリストを返します。次の正規化メソッドで使います。

例 6-6　kmeans.py 続き

```python
def _zscore_normalize(self) -> None:
    zscored: List[List[float]] = [[] for _ in range(len(self._points))]
    for dimension in range(self._points[0].num_dimensions):
        dimension_slice: List[float] = self._dimension_slice(dimension)
        for index, zscore in enumerate(zscores(dimension_slice)):
            zscored[index].append(zscore)
    for i in range(len(self._points)):
        self._points[i].dimensions = tuple(zscored[i])
```

_zscore_normalize() は dimensions タプルの全データポイントをその z 値で置き換えます。これは、以前に float のシーケンスに対して定義した zscores() 関数を使います。dimensions タプルの値は置き換えられていますが、元の DataPoint の _originals タプルは置き換えられていません。両方に格納されていれば、アルゴリズムのユーザは、アルゴリズム実行後にも正規化前の次元の元の値を取り出すことができるので便利です。

例 6-7　kmeans.py 続き

```python
def _random_point(self) -> DataPoint:
    rand_dimensions: List[float] = []
    for dimension in range(self._points[0].num_dimensions):
        values: List[float] = self._dimension_slice(dimension)
        rand_value: float = uniform(min(values), max(values))
        rand_dimensions.append(rand_value)
    return DataPoint(rand_dimensions)
```

　この _random_point() メソッドは、 __init__() メソッドでクラスタの最初の重心
をランダムに作るため使われました。ランダム値がデータポイントのある範囲に収ま
るよう制約を課しています。DataPoint のコンストラクタを使って、値のイテラブル
から新たな点を作ります。

　次は、データポイントのクラスタを求めるメソッドです。

例 6-8　kmeans.py 続き

```
# 各点について最近クラスタの重心を求め、点をそのクラスタに割り当てる
def _assign_clusters(self) -> None:
    for point in self._points:
        closest: DataPoint = min(self._centroids, key=partial(DataPoint.distance, point))
        idx: int = self._centroids.index(closest)
        cluster: KMeans.Cluster = self._clusters[idx]
        cluster.points.append(point)
```

　本書全体で、リストの最大または最小要素を求める関数をいくつも作りました。こ
れもその1つです。この場合は、点への距離が最小のクラスタ重心を求めます。点は
そのクラスタに割り当てられます。min() の key に対して partial() 関数を使うとこ
ろは工夫しました。partial() は、関数とそのいくつかのパラメータの値を引数に取っ
て、関数適用前にそのパラメータを与えます。この場合は、DataPoint.distance()
メソッドと、その other 引数として現在計算中の点を与えています。これによって、
その点から各重心への距離が計算され、最小距離の重心が min() で返されます。

例 6-9　kmeans.py 続き

```
# 各クラスタの中心を求め、重心をそこに移す
def _generate_centroids(self) -> None:
    for cluster in self._clusters:
        if len(cluster.points) == 0: # 点がないと同じ重心
            continue
        means: List[float] = []
        for dimension in range(cluster.points[0].num_dimensions):
            dimension_slice: List[float] = [p.dimensions[dimension] for p in cluster.points]
            means.append(mean(dimension_slice))
        cluster.centroid = DataPoint(means)
```

　すべての点にクラスタを割り当てたら、新たな重心を計算します。これには、クラ
スタの各点の次元ごとに平均を計算することが含まれます。各次元の平均を合わせて
クラスタの「平均点」を求め、新たな重心とします。対象点が点全体の部分集合（あ

るクラスタに属する点のみ）なので、これには `_dimension_slice()` が使えません。`_dimension_slice()` を書き直してもっとジェネリックにできるでしょうか。

　アルゴリズムを実際に実行するメソッドが次に続きます。

例6-10　kmeans.py 続き

```python
def run(self, max_iterations: int = 100) -> List[KMeans.Cluster]:
    for iteration in range(max_iterations):
        for cluster in self._clusters: # 全クラスタをクリア
            cluster.points.clear()
        self._assign_clusters() # 最近クラスタを各点で求める
        old_centroids: List[DataPoint] = deepcopy(self._centroids) # 重心を記録
        self._generate_centroids() # 新たな重心を求める
        if old_centroids == self._centroids: # 重心は移ったか
            print(f"Converged after {iteration} iterations")
            return self._clusters
    return self._clusters
```

　run() は 137 ページに示した 6 ステップのアルゴリズムをほぼ表しています。異なるのは、イテレーションの最初ですべての点をクリアしていることです。これをしないと、_assign_clusters() メソッドがクラスタで点を重複させることになります。

　k を 2 とした DataPoint で簡単なテストをしましょう。

例6-11　kmeans.py 続き

```python
if __name__ == "__main__":
    point1: DataPoint = DataPoint([2.0, 1.0, 1.0])
    point2: DataPoint = DataPoint([2.0, 2.0, 5.0])
    point3: DataPoint = DataPoint([3.0, 1.5, 2.5])
    kmeans_test: KMeans[DataPoint] = KMeans(2, [point1, point2, point3])
    test_clusters: List[KMeans.Cluster] = kmeans_test.run()
    for index, cluster in enumerate(test_clusters):
        print(f"Cluster {index}: {cluster.points}")
```

　乱数を使っているので実行のたびに結果が異なります。例えば次のような結果が期待できます。

```
Converged after 1 iterations
Cluster 0: [(2.0, 1.0, 1.0), (3.0, 1.5, 2.5)]
Cluster 1: [(2.0, 2.0, 5.0)]
```

6.3　米国の州知事を年齢と経度でクラスタリング
［問題24　州知事のクラスタリング］

　米国の州には州知事がいます。2017年6月現在で州知事の年齢は42歳から79歳です。米国を東から西へと経度順に見ていくと、同じような経度に同じような年齢の州知事がクラスタになります。**図6-2**は50人の州知事の散布図です。x軸が州の経度、y軸が州知事の年齢です。

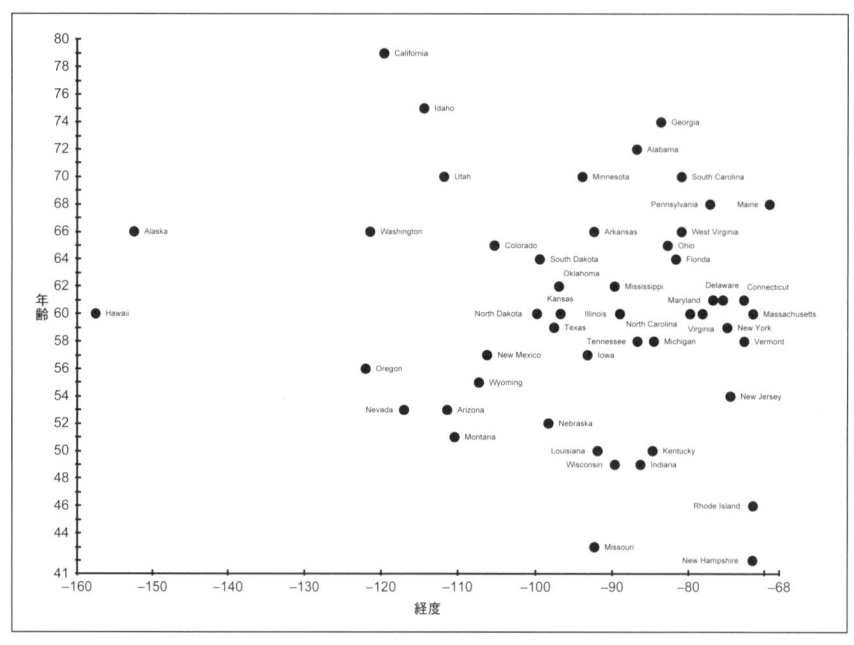

図6-2　2017年6月の州知事を州の経度と州知事の年齢でプロット

　図6-2には明らかなクラスタがあるでしょうか。この図では、軸方向の正規化は行われておらず、データがそのまま示されています。クラスタが自明なら、クラスタリングアルゴリズムは必要ないことになるでしょう。

　このデータセットにk平均法を使ってみます。まず、個別データポイントの表現方法が必要です。

例 6-12 governors.py

```python
from __future__ import annotations
from typing import List
from data_point import DataPoint
from kmeans import KMeans


class Governor(DataPoint):
    def __init__(self, longitude: float, age: float, state: str) -> None:
        super().__init__([longitude, age])
        self.longitude = longitude
        self.age = age
        self.state = state

    def __repr__(self) -> str:
        return f"{self.state}: (longitude: {self.longitude}, age: {self.age})"
```

Governor には longitude と age という2つの次元があります。それ以外には、プリティプリントのために `__repr__()` をオーバライドしていることを除いて、スーパークラスの DataPoint に修正は加えていません。下記のデータを手入力するのは大変ですから、本書のリポジトリのソースコードを使ってください。

例 6-13 governors.py 続き

```python
if __name__ == "__main__":
    governors: List[Governor] = [Governor(-86.79113, 72, "Alabama"), Governor(-152.404419,
        66, "Alaska"),
        Governor(-111.431221, 53, "Arizona"), Governor(-92.373123, 66, "Arkansas"),
        Governor(-119.681564, 79, "California"), Governor(-105.311104, 65, "Colorado"),
        Governor(-72.755371, 61, "Connecticut"), Governor(-75.507141, 61, "Delaware"),
        Governor(-81.686783, 64, "Florida"), Governor(-83.643074, 74, "Georgia"),
        Governor(-157.498337, 60, "Hawaii"), Governor(-114.478828, 75, "Idaho"),
        Governor(-88.986137, 60, "Illinois"), Governor(-86.258278, 49, "Indiana"),
        Governor(-93.210526, 57, "Iowa"), Governor(-96.726486, 60, "Kansas"),
        Governor(-84.670067, 50, "Kentucky"), Governor(-91.867805, 50, "Louisiana"),
        Governor(-69.381927, 68, "Maine"), Governor(-76.802101, 61, "Maryland"),
        Governor(-71.530106, 60, "Massachusetts"), Governor(-84.536095, 58, "Michigan"),
        Governor(-93.900192, 70, "Minnesota"), Governor(-89.678696, 62, "Mississippi"),
        Governor(-92.288368, 43, "Missouri"), Governor(-110.454353, 51, "Montana"),
        Governor(-98.268082, 52, "Nebraska"), Governor(-117.055374, 53, "Nevada"),
        Governor(-71.563896, 42, "New Hampshire"), Governor(-74.521011, 54, "New Jersey"),
        Governor(-106.248482, 57, "New Mexico"), Governor(-74.948051, 59, "New York"),
        Governor(-79.806419, 60, "North Carolina"), Governor(-99.784012, 60, "North Dakota"),
```

```
Governor(-82.764915, 65, "Ohio"), Governor(-96.928917, 62, "Oklahoma"),
Governor(-122.070938, 56, "Oregon"), Governor(-77.209755, 68, "Pennsylvania"),
Governor(-71.51178, 46, "Rhode Island"), Governor(-80.945007, 70, "South Carolina"),
Governor(-99.438828, 64, "South Dakota"), Governor(-86.692345, 58, "Tennessee"),
Governor(-97.563461, 59, "Texas"), Governor(-111.862434, 70, "Utah"),
Governor(-72.710686, 58, "Vermont"), Governor(-78.169968, 60, "Virginia"),
Governor(-121.490494, 66, "Washington"), Governor(-80.954453, 66, "West Virginia"),
Governor(-89.616508, 49, "Wisconsin"), Governor(-107.30249, 55, "Wyoming")]
```

k を 2 に設定して k 平均法を実行します。

例 6-14　governors.py 続き

```
kmeans: KMeans[Governor] = KMeans(2, governors)
gov_clusters: List[KMeans.Cluster] = kmeans.run()
for index, cluster in enumerate(gov_clusters):
    print(f"Cluster {index}: {cluster.points}\n")
```

ランダムに選んだ重心で開始するため、**KMeans** の実行ごとに結果のクラスタは異なります。それが妥当かどうかは人間が調べる必要があります。次の結果は興味深い例です。

```
Converged after 5 iterations
Cluster 0: [Alabama: (longitude: -86.79113, age: 72), Arizona: (longitude:
-111.431221, age: 53), Arkansas: (longitude: -92.373123, age: 66), Colorado:
(longitude: -105.311104, age: 65), Connecticut: (longitude: -72.755371, age: 61),
Delaware: (longitude: -75.507141, age: 61), Florida: (longitude: -81.686783, age:
64), Georgia: (longitude: -83.643074, age: 74), Illinois: (longitude: -88.986137,
age: 60), Indiana: (longitude: -86.258278, age: 49), Iowa: (longitude: -93.210526,
age: 57), Kansas: (longitude: -96.726486, age: 60), Kentucky: (longitude: -84.670067,
age: 50), Louisiana: (longitude: -91.867805, age: 50), Maine: (longitude: -69.381927,
age: 68), Maryland: (longitude: -76.802101, age: 61), Massachusetts: (longitude:
-71.530106, age: 60), Michigan: (longitude: -84.536095, age: 58), Minnesota:
(longitude: -93.900192, age: 70), Mississippi: (longitude: -89.678696, age: 62),
Missouri: (longitude: -92.288368, age: 43), Montana: (longitude: -110.454353, age:
51), Nebraska: (longitude: -98.268082, age: 52), Nevada: (longitude: -117.055374,
age: 53), New Hampshire: (longitude: -71.563896, age: 42), New Jersey: (longitude:
-74.521011, age: 54), New Mexico: (longitude: -106.248482, age: 57), New York:
(longitude: -74.948051, age: 59), North Carolina: (longitude: -79.806419, age: 60),
North Dakota: (longitude: -99.784012, age: 60), Ohio: (longitude: -82.764915, age:
65), Oklahoma: (longitude: -96.928917, age: 62), Pennsylvania: (longitude: -77.209755,
age: 68), Rhode Island: (longitude: -71.51178, age: 46), South Carolina: (longitude:
-80.945007, age: 70), South Dakota: (longitude: -99.438828, age: 64), Tennessee:
```

```
(longitude: -86.692345, age: 58), Texas: (longitude: -97.563461, age: 59), Vermont:
(longitude: -72.710686, age: 58), Virginia: (longitude: -78.169968, age: 60), West
Virginia: (longitude: -80.954453, age: 66), Wisconsin: (longitude: -89.616508, age:
49), Wyoming: (longitude: -107.30249, age: 55)]

Cluster 1: [Alaska: (longitude: -152.404419, age: 66), California: (longitude:
-119.681564, age: 79), Hawaii: (longitude: -157.498337, age: 60), Idaho: (longitude:
-114.478828, age: 75), Oregon: (longitude: -122.070938, age: 56), Utah: (longitude:
-111.862434, age: 70), Washington: (longitude: -121.490494, age: 66)]
```

クラスタ1は、西端の州で、互いに接しています（アラスカとハワイが西海岸の州と接していると考えます）。どちらかというと州知事が高齢で、興味深いクラスタです。太平洋岸の人々は高齢の州知事が好きなのでしょうか。このクラスタからは相関があることはわかりますが、それ以外は不明です。図 6-3 に結果を示します。四角がクラスタ1、丸がクラスタ0です。

> 重心をランダムに初期化したk平均法の結果は常に異なることはいくら強調しても十分とは言えません。どんなデータセットでもk平均法は複数回実行しなければけません。

6.4 マイケル・ジャクソンのアルバムを演奏時間でクラスタリング [問題25 音楽アルバムのクラスタリング]

マイケル・ジャクソンには、10枚のスタジオ録音アルバムがあります。これらを演奏時間（分）とトラック数という2次元でクラスタリングする例を取り上げます。これは、k平均法を使わないでも元のデータセットからクラスタがわかるという意味で、さっきの州知事の例と対照的です。このような例は、クラスタリングアルゴリズムのデバッグに適しています。

> 本章の2例は2次元データポイントを使っていますが、k平均法は何次元のデータでも扱えます。

この例ではコードをまとめて示します。例を実行する前に、アルバムデータを調べれば、マイケル・ジャクソンが次第に長いアルバムを作るようになっていたことがわかります。したがって、この2つのクラスタは、初期のアルバムと後期のアルバムに

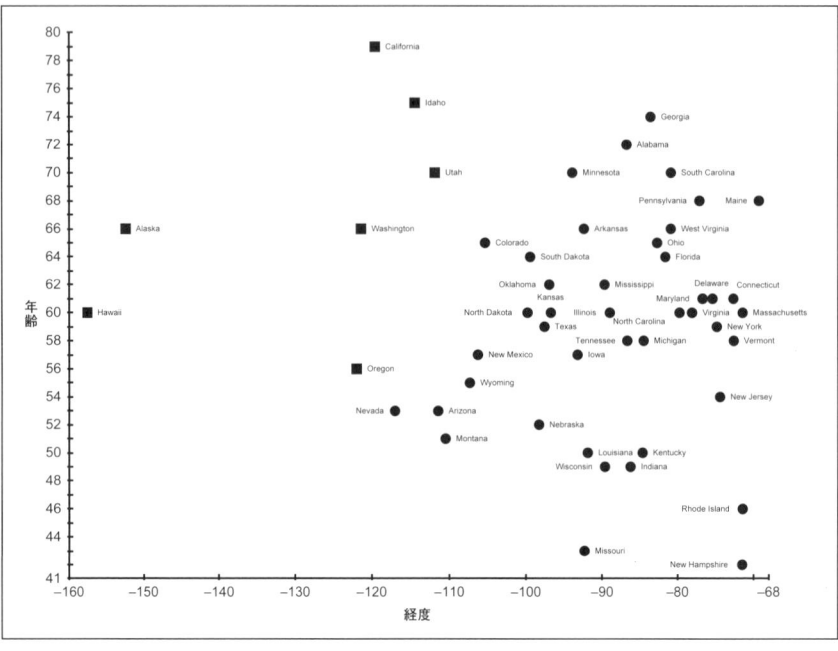

図 6-3　クラスタ 0 のデータポイントは丸、クラスタ 1 のデータポイントは四角

分かれるでしょう。「HIStory: Past, Present, and Future, Book I」は外れ値で、論理的にはそれ自身で 1 つのクラスタになります。**外れ値**とは、データセットの通常の範囲の外にあるデータポイントです。

例 6-15　mj.py

```python
from __future__ import annotations
from typing import List
from data_point import DataPoint
from kmeans import KMeans


class Album(DataPoint):
    def __init__(self, name: str, year: int, length: float, tracks: float) -> None:
        super().__init__([length, tracks])
        self.name = name
        self.year = year
        self.length = length
```

```python
        self.tracks = tracks

    def __repr__(self) -> str:
        return f"{self.name}, {self.year}"


if __name__ == "__main__":
    albums: List[Album] = [Album("Got to Be There", 1972, 35.45, 10),
                           Album("Ben", 1972, 31.31, 10), Album("Music & Me", 1973, 32.09, 10),
                           Album("Forever, Michael", 1975, 33.36, 10),
                           Album("Off the Wall", 1979, 42.28, 10),
                           Album("Thriller", 1982, 42.19, 9), Album("Bad", 1987, 48.16, 10),
                           Album("Dangerous", 1991, 77.03, 14),
                           Album("HIStory: Past, Present and Future, Book I", 1995, 148.58, 30),
                           Album("Invincible", 2001, 77.05, 16)]
    kmeans: KMeans[Album] = KMeans(2, albums)
    clusters: List[KMeans.Cluster] = kmeans.run()
    for index, cluster in enumerate(clusters):
        print(f"Cluster {index} Avg Length {cluster.centroid.dimensions[0]} Avg Tracks {cluster.
centroid.dimensions[1]}: {cluster.points}\n")
```

属性 name と year は、記録用のためだけで、実際のクラスタには含まれないことに注意してください。出力例を次に示します。

```
Converged after 1 iterations
Cluster 0 Avg Length -0.5458820039179509 Avg Tracks -0.5009878988684237: [Got to Be
There, 1972, Ben, 1972, Music & Me, 1973, Forever, Michael, 1975, Off the Wall, 1979,
Thriller, 1982, Bad, 1987]

Cluster 1 Avg Length 1.2737246758085523 Avg Tracks 1.1689717640263217: [Dangerous,
1991, HIStory: Past, Present and Future, Book I, 1995, Invincible, 2001]
```

このクラスタ平均は興味深いものです。平均が z 値であることに注意してください。クラスタ 1 の 3 アルバムはマイケル・ジャクソンの最後の 3 枚で、10 枚あるソロアルバムの平均から 1 標準偏差も長くなっています。

6.5　k 平均クラスタ問題とその拡張

　重心の初期値をランダムに選んで k 平均クラスタリングをすると、データ中の有用な分割点をまったく見逃すことがあります。これにより、膨大な試行錯誤が必要となります。正しい k（クラスタの個数）も得ることが困難で、データにいくつグルー

プがあるべきかという洞察が得られないと間違いのもとになります。

　このような変数に対して、より訓練された推測や自動的に試行錯誤するより高度な k 平均法があります。よく使われるのは、k 平均 ++ で、初期化時に重心をランダムに選ぶのではなく、点への距離の確率分布に基づいて選びます。多くのアプリケーションで用いられる、より優れた方式は、前もってわかっているデータに関する情報に基づいて重心の領域を選ぶもの、言い換えると、ユーザが最初の重心を選んだ k 平均クラスタリングです。

　k 平均クラスタリングの実行時間は、データポイントの個数、クラスタの個数、データポイントの次元数に比例します。次元の多い膨大な点の場合は、基本形では時間がかかりすぎて使い物にならないことがあります。拡張方式では、計算の前に点が別のクラスタに移る可能性を評価して、点と中心に関する計算をなるべく省略するものがあります。多数の点や多次元を処理する別の方式としては、データポイントのサンプルを取って k 平均法を行うものもあります。これは完全な k 平均法によるクラスタの近似になります。

　データセットの外れ値は、k 平均法の結果を異常なものにすることがあります。最初の重心が外れ値のそばにあると、（マイケル・ジャクソンのアルバム「HIStory: Past, Present, and Future, Book I」のような）1 つだけのクラスタになることがあります。外れ値を除いた方が k 平均法の実行結果が良くなります。

　最後になりますが、平均は必ずしも中心を測る基準として常に優れているわけではありません。各次元のメディアン（中央値）を求める k メディアン法や、各クラスタの中央のデータセットの実際の点を用いる k メドイド法もあります。これらの手法を採用する統計的な理由を説明するのは本書の範囲を超えますが、常識から言って、うまくいかない場合にはこれらを試してみたり、結果のサンプルを取ってみるのは試す価値があります。それぞれの実装はそんなに変わりません。

6.6　実世界での応用

　クラスタリングはデータサイエンティストや統計アナリスト専用と考えられることもよくありますが、さまざまな分野でデータを解釈する方法として広く使われています。k 平均クラスタリングは特に、データセットの構造がほとんどわからない場合に使うことができます。

　データ分析では、クラスタリングは基本的な技法です。警察署で警官にパトロール

させる場所を決める場合、ファストフードのフランチャイズで販促チラシを送る最良顧客の住所を知りたい場合、レンタルボート店が事故がいつ誰によって起こるか分析して事故を減らしたい場合、彼らがクラスタリングをどのように使って問題を解くか考えてみてください。

クラスタリングはパターン認識にも使います。クラスタリングアルゴリズムは、人間が見逃すパターンを見つけてくれることがあります。例えば、生物学ではクラスタリングはおかしな細胞のグループを見つけるのに使われます。

画像認識では、自明でない特徴量検出にクラスタリングを使います。ピクセルをデータポイント、互いの関係を距離と色の相違で定義します。

政治学では、ターゲットとなる有権者を見つけるのにクラスタリングを使います。政党はある選挙区で政党の資金を注ぎ込むべき前回は無視されていた（marginal）有権者を見つけることができるでしょうか。同じような有権者はどんな問題を抱えているでしょうか。

6.7　練習問題

1. CSV ファイルのデータを `DataPoint` にインポートする関数を作りなさい。
2. matplotlib のような外部ライブラリを用いて、2 次元データセットに `KMeans` を実行した結果の散布図に色をつける関数を作りなさい。
3. 重心をランダムに割り当てる代わりに位置を与える `KMeans` の初期化メソッドを新たに作りなさい。
4. k 平均 ++ アルゴリズムを調査して実装しなさい。

7章
簡単なニューラルネットワーク

　2010年後半から人工知能技術の進歩について語られるとき、主としてその1分野である**機械学習**（コンピュータが明示的に教えられなくても新しい情報を学習する）が話題になっています。この進歩は、**ニューラルネットワーク**という機械学習技法によっています。ニューラルネットワークが発明されたのは数十年前ですが、ハードウェアの改善と新たに発見された研究成果であるソフトウェア技法により、**深層学習**と呼ばれる新たなパラダイムは、ルネッサンスとも言うべき時代を迎えています。

　深層学習は広く使われる技法となりました。ヘッジファンドのアルゴリズムからバイオインフォマティクスまであらゆるものに適用できます。画像認識と音声認識が一般消費者に接する深層学習アルゴリズムです。デジタルアシスタントに天気予報を聞いたり、写真のプログラムで自分の顔を認識させるとおそらく深層学習が使われています。

　深層学習技法は簡単なニューラルネットワークと同じ構成要素を使います。本章では簡単なニューラルネットワークを作りながら、これらの要素について述べます。このニューラルネットワークは最新のものではありませんが、（本章で作るものより複雑なニューラルネットワークに基づいた）深層学習の理解に役立ちます。機械学習を行う人がニューラルネットワークを何もないところから構築することはほとんどありません。最適化された普通に入手できるフレームワークを使用します。本章は、具体的なフレームワークの使用法を学ぶ役には立たず、本章で構築するネットワークは実際のアプリケーションの役にも立ちませんが、フレームワークが低レベルでどのように働いているかを理解する役に立ちます。

7.1 生物学的基盤

　人間の脳は現存する計算デバイスの中で最も驚異的なものです。脳は数値計算をマイクロプロセッサほど高速に計算できませんが、新たな状況への適応、新たなスキルの学習、創造性などはどんな機械でもかないません。コンピュータの登場以来、科学者は脳の機構のモデル化に興味を持ってきました。脳の神経細胞は**ニューロン**と言います。脳のニューロンは**シナプス**という構造で相互に連結されています。電気信号はシナプスを経由してニューロンのネットワークを働かせます。それをニューラルネットワークと呼びます。

　この生物学的なニューロンの説明は類似性を強調するために単純化しすぎています。生物学上のニューロンには、軸索、樹状突起、神経核のような高校の生物学で学ぶ要素を含みます。シナプスは実際にはニューロン間の隙間で、電気信号を伝達するために神経伝達物質が分泌されるところです。

　科学者がニューロンの構造や機能を明らかにしていますが、生物学的ニューラルネットワークがどのようにして複雑な思考パターンを形成しているかの詳細はいまだにわかっていません。情報をどう処理しているのか、元々の思考はどうなっているのかなど、脳の働きに関する私達の知識はマクロレベルの観察から来ています。脳の機能的磁気共鳴画像法（**fMRI**）スキャンは、人間が特定の思考をしているときの血流を示します（**図 7-1** に表示）。このようなマクロ技法は、さまざまな要素についての推論につながるかもしれませんが、個別ニューロンが、新たな思考を発展させる上でどのように役立つのかという神秘を説明することにはつながりません。

　世界中の科学者のチームが脳の神秘を解き明かそうとしのぎを削っていますが、次のようなことを考えてみてください。人間の脳には約 1 千億のニューロンがあり、それぞれが他の 1 万個ほどのニューロンとつながっています。10 億論理ゲートと数テラバイトのメモリを備えたコンピュータでも現在のテクノロジーでは人間の脳のモデル化はできません。人間は、予測可能な将来において最も高度な汎用の学習システムでしょう。

　人間と等価な汎用学習機械の実現が、いわゆる「強い AI」（**人工汎用知能**ともいう）の目標です。歴史的に見れば、現時点でもこれはまだ SF の世界の話です。「弱い AI」は日常的に使われている AI です。コンピュータは、前もって定められた課題であれば、知的に解決することができています。

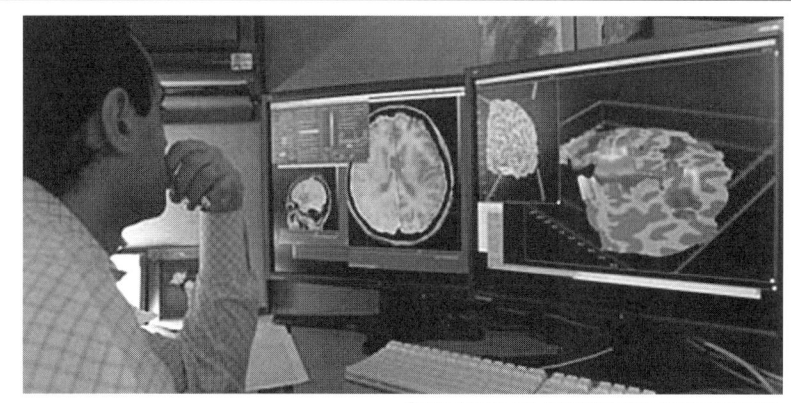

Public domain, U.S. National Institute for Mental Health

図 7-1　脳の **fMRI** 画像を調べる研究者。**fMRI** 画像からは個別ニューロンの機能やニューラルネットワークの構成については何もわからない

　生物学的ニューラルネットワークがまだ完全に理解できていないのに、そのモデル化はコンピュータ技術としてどれほどの効果があるものでしょうか。**人工ニューラルネットワーク**というデジタルニューラルネットワークは、生物学的ニューラルネットワークに基づいていますが、類似性だけで終わっています。モダンな人工ニューラルネットワークは、生物学的なニューラルネットワークのように動作するとはそもそも言っていません。実際、生物学的ニューラルネットワークがどのように働いているか理解できていないので、それは不可能です。

7.2　人工ニューラルネットワーク
［問題26　ニューラルネットワーク構築］

　本節では最も一般的な人工ニューラルネットワーク、すなわち後で開発する**バックプロパゲーション**を備えた**フィードフォワードネットワーク**について学びます。「フィードフォワード」は、ネットワークで信号が一方向に進むことを意味します。「バックプロパゲーション」は、信号のネットワーク伝播の終端で誤差を決定し、誤差の修正をネットワークに戻して、誤差の原因となったニューロンに影響を与えます。他にも多数の人工ニューラルネットワークがありますので、興味を持った読者のみなさんはさらに勉強してください。

7.2.1　ニューロン

　人工ニューラルネットワークの最小単位はニューロンです。ニューロンには、浮動小数点数の重みベクトルがあります。入力ベクトル（浮動小数点数による）がニューロンに渡されます。ドット積を使って重み付き入力を組み合わせます。それからその積で**活性化関数**を実行し結果を出力します。この動作は実際のニューロンの発火のアナロジーです。

　活性化関数は、ニューロンの出力の変換器です。活性化関数は、ほとんど常に非線形で、そのおかげでニューラルネットワークは非線形問題も解くことができます。活性化関数がなければ、ニューラルネットワーク全体は単なる線形変換になってしまいます。**図7-2**は1つのニューロンとその演算です。

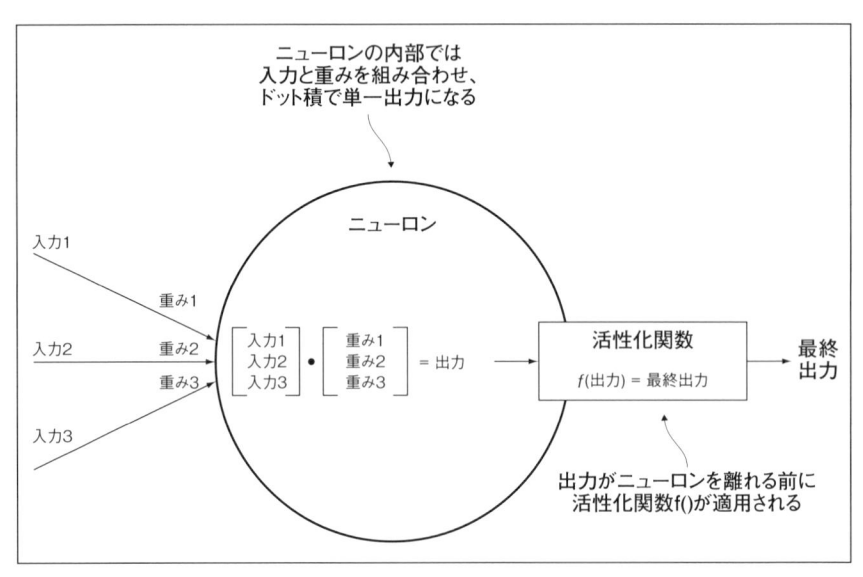

図7-2　1つのニューロンが入力信号と重みを組み合わせて活性化関数で変更される出力信号を生成する

本節では、初等代数学や線形代数で学んで以来縁がなかったかもしれない数式が登場します。ベクトル積（外積）やドット積（内積）の説明は本章の範囲外ですが、数式の詳細が完全には理解できなくても、本章の記述から直感的にニューラルネットワークで行われていることがわかるはずです。本章の後半では微分や偏微分を含む数学が登場しますが、すべてを理解できなくてもコードを追いかけることはできます。本章では、どうしてこのような数式になったかの説明はせず、これらを使いこなすことに焦点を絞ります。

7.2.2　層（レイヤー）

　典型的なフィードフォワード人工ニューラルネットワークでは、ニューロンが層ごとに構成されます。各層には、ある個数のニューロンが行または列に（構成図の書き方によって変わりますが、両者は等価です）沿って並んでいます。構築するフィードフォワードネットワークでは、信号は常にある層から次の層へと1方向に流れます。各層のニューロンが送り出す出力信号が次の層のニューロンへの入力信号になります。各層の全ニューロンが次の層の全ニューロンに連結されています。

　最初の層は、**入力層**と呼ばれ、外部から信号を受け取ります。最後の層は**出力層**と呼ばれ、通常は、外部のアクターが受け取って知的な結果だと解釈します。入力層と出力層との間の層は、**隠れ層**と呼ばれます。本章で作るような簡単なニューラルネットワークでは、隠れ層は1つだけですが、深層学習ネットワークでは多数の隠れ層があります。**図7-3**は、簡単なネットワークで、これらの層の働きを示します。ある層の出力が次の層の全ニューロンへの入力になることに注意してください。

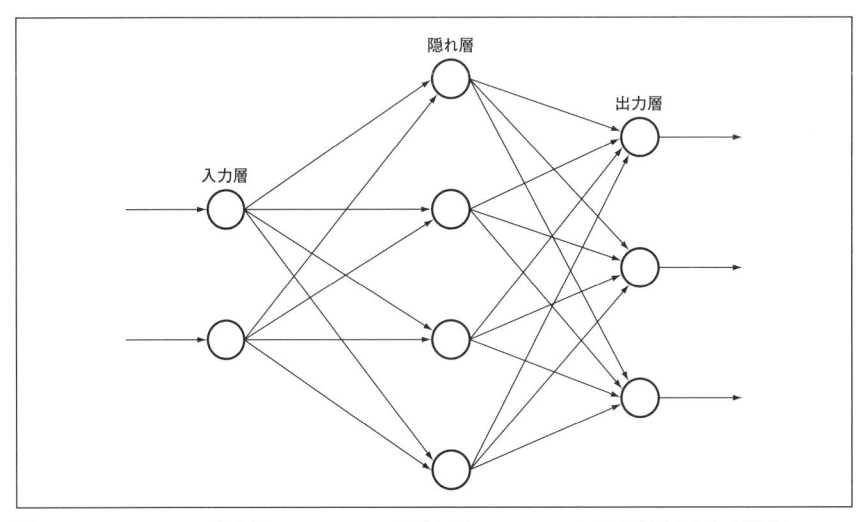

図7-3　2ニューロンの入力層、4ニューロンの隠れ層、3ニューロンの出力層からなる簡単なニューラルネットワーク。この図の各層のニューロン数は適当に選んだもの

　これらの層では浮動小数点数を扱います。入力層への入力は浮動小数点数で、出力層からの出力も浮動小数点数です。

これらの数値は何か意味のあるものを表します。例えば、動物の白黒の小さな画像を分類するようネットワークを設計したとします。入力層は、10×10 ピクセルの動物の画像の各ピクセルのグレイスケールでの輝度を表す 100 個のニューロンがあり、出力層には画像が哺乳類、爬虫類、両生類、魚類、鳥類のいずれかを表しているかの類似度を表す 5 個のニューロンがあるとします。最終分類は浮動小数点出力値が最も大きい出力ニューロンで決定されます。出力数値がそれぞれ、0.24, 0.65, 0.70, 0.12, 0.21 なら、画像は両生類だとなります。

7.2.3　バックプロパゲーション

最後の、最も複雑な部分がバックプロパゲーションです。バックプロパゲーションはニューラルネットワークの誤差を見つけて、それを使ってニューロンの重みを修正します。誤差に最も寄与したニューロンが最も大きく修正されます。しかし、この誤差はそもそもどこから生じたのでしょうか。どのようにして誤差がわかったのでしょうか。この誤差は、ニューラルネットワークを使って**訓練**と呼ばれる段階を行っているときに生じます。

本節の数式には、手順を書いてあります。（正式な表記法ではない）擬似数式を本章の図に示しました。この方式は数式の表記に慣れていない（あるいは忘れてしまった）人にも読みやすいはずです。より正確な数式表現（および数式の由来）に興味が湧いたら、Stuart Russell と Peter Norvig の『Artificial Intelligence: A Modern Approach, third edition』（Prentice Hall、2010）の第 18 章を参照するとよいでしょう。

ほとんどのニューラルネットワークでは、事前に訓練を行う必要があります。期待される出力と実際の出力との差異から誤差を見つけ重みを修正するためには、入力に対する正しい出力を知っておかねばなりません。言い換えると、ニューラルネットワークは、入力集合に対する正解を与えられて、その他の入力に対して答える用意ができるまでは何も知らないのです。バックプロパゲーションは訓練の場合にだけ生じます。

ほとんどのニューラルネットワークは訓練しないといけないので、**教師付き**機械学習と考えられます。6 章の k 平均クラスタリングや他のクラスタリングアルゴリズムは、外部からの介入が要らない**教師なし**機械学習でした。ニューラルネットワークには、訓練を必要としない、教師なし学習と考えられる種類もあります。

　バックプロパゲーションの第1ステップは、入力に対する出力と期待される出力との差異（誤差）の計算です。この誤差は出力層の全ニューロンに渡っています（各ニューロンに期待される出力と実際の出力とがある）。出力ニューロンの活性化関数の微分が活性化関数が適用される以前のニューロン出力に適用されます（活性化関数適用前の出力はキャッシュしてある）。この結果に対してニューロンの誤差を掛けると、デルタが求められます。**デルタ**を求めるこの式は偏微分を用いており、この種の計算は本書の範囲外ですが、基本的には、各ニューロンが差異に関してどの程度影響するかを見極めるためのものです。この計算の仕組みを**図 7-4** に示します。

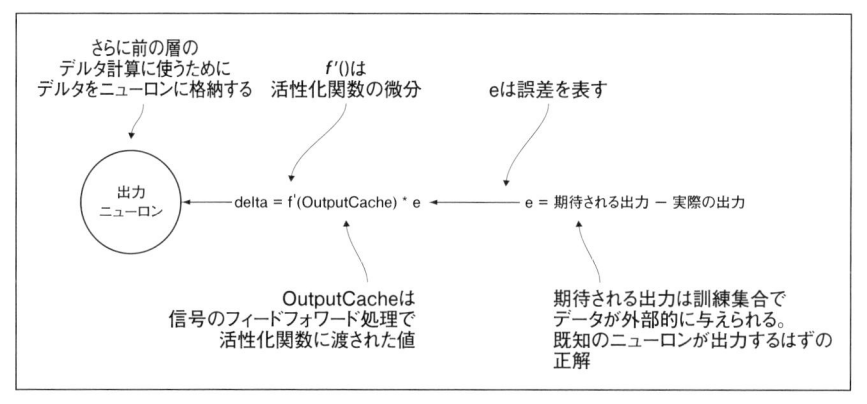

図 7-4　バックプロパゲーションの訓練フェーズで出力ニューロンのデルタを計算するメカニズム

　次に、ネットワーク中の隠れ層の全ニューロンについてデルタを計算しなければなりません。出力層の間違った出力に対する各ニューロンの寄与を決定しなければなりません。出力層のデルタが隠れ層のデルタの計算に用いられます。前の層のそれぞれについて、次の層の現在問題としているニューロンに対応する重みと、そのニューロンの計算済みのデルタのドット積で前の層のデルタが計算されます。この値に、ニューロンの最終出力（活性化関数の適用前の値でキャッシュされている）における活性化関数の微分の値を掛けます。この式は偏微分を使って得られますが、偏微分などについては数学の参考書を見てください。

　図 7-5 は隠れ層のニューロンのデルタの計算を説明します。複数の隠れ層のあるネットワークでは、ニューロン O1, O2, O3 は、出力層ではなく次の隠れ層のニューロンになります。

　最後に、最も重要なのが、ネットワークの全ニューロンの重みすべてを更新するこ

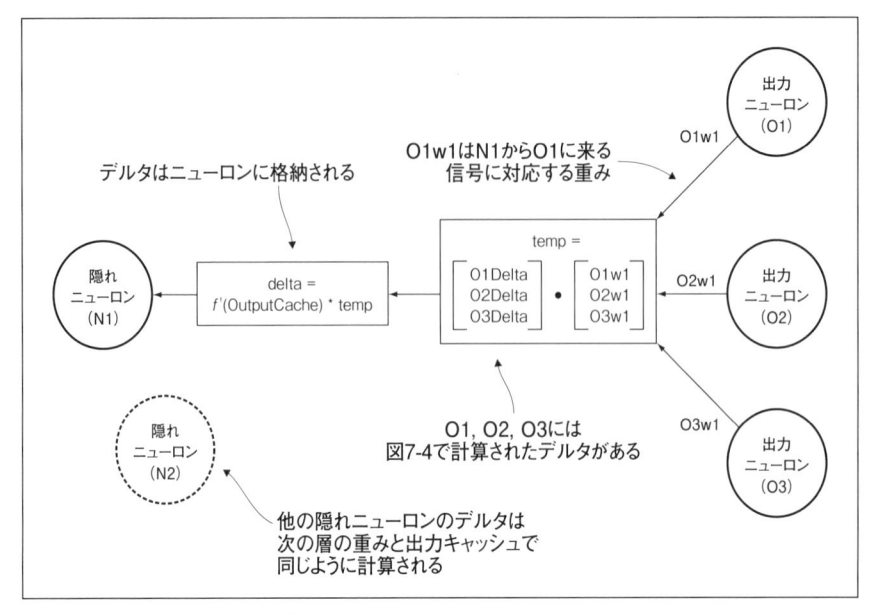

図 7-5　隠れ層のニューロンのデルタの計算

とです。その値の計算には、各重みの最終入力にニューロンのデルタと**学習率**と呼ばれるものを掛けて、既存の重みを足します。ニューロンの重みを修正するこの方式は、**勾配降下法**と呼ばれます。これは誤差関数を表す勾配を、誤差が最小の地点に向かって降下していくようなものです。デルタが目的地への方向を示し、学習率がいかに速く登り降りできるかを示します。未知の問題に対して、試行錯誤せずによい学習率を決定することは困難です。**図 7-6** が隠れ層と出力層の重みをどのように更新するかを示します。

　重みを更新すると、ニューラルネットワークは別の入力と期待される出力とで再度訓練されます。このプロセスを利用者が十分訓練したと感じるまで続けられます。これは、既知の正しい出力と入力でテストすることで決まります。

　バックプロパゲーションは複雑です。詳細がすべてわからなくても心配には及びません。本節の説明では不十分かもしれませんが、バックプロパゲーションを実装することによって、理解が次の段階へと進みます。ニューラルネットワークとバックプロパゲーションを実装するときに、全体についての次のことを覚えておいてください。バックプロパゲーションはネットワークの節点の重みを不正確な出力への節点の影響

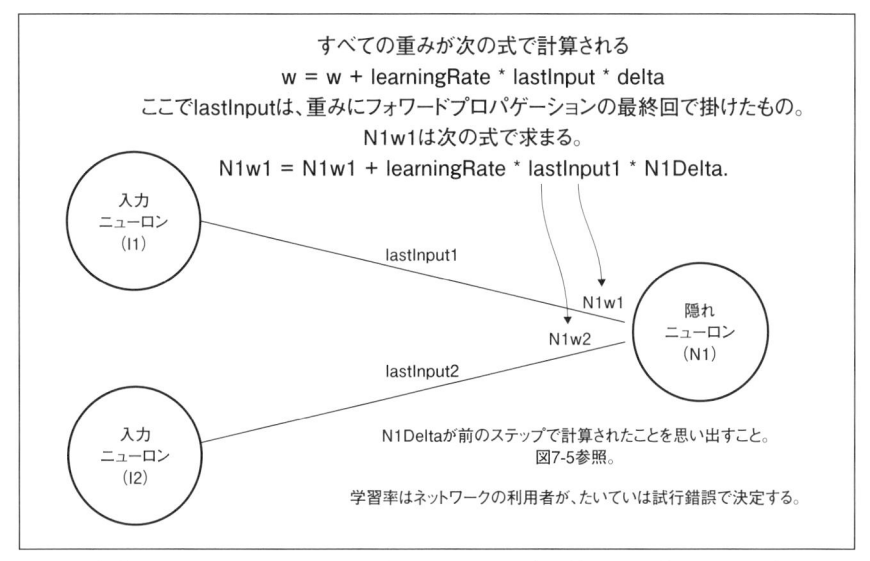

図 7-6　全隠れ層と出力層のニューロンの重みが前のステップで計算されたデルタ、前の重み、前の入力、利用者が決定した学習率を使って更新される

度に応じて調節するためのものです。

7.2.4　全体像

本節では多数の基本的なことがらを学びました。詳細がわからなくても、バックプロパゲーションつきのフィードフォワードネットワークについて、次のような主なことがらを覚えておくことが重要です。

- 信号（浮動小数点数）は、層構造のニューロンの中を一方向に流れる。各層の各ニューロンは、次の層の全ニューロンにつながっている。
- （入力層を除く）各ニューロンは、受け取った信号を重み（浮動小数点数）を組み合わせ、活性化関数を適用して処理する。
- 訓練プロセスにおいて、ネットワーク出力が期待される出力と比較され、誤差が計算される。
- 誤差がバックプロパゲーションでネットワークを通って（来た方向に戻され）伝播して、重みを修正し、正しい出力が得られるようになる。

　ここで説明した方式以外にもニューラルネットワークを訓練する手法が多数あります。ニューラルネットワーク内を信号が移動するにも多数の方法があります。ここで説明し、実装する方法は特によく使われるものですから、初めて学ぶには適しています。付録 B には、（他の種類も含めて）ニューラルネットワークや数学に関する参考文献を載せています。

7.3　準備作業

　ニューラルネットワークでは多くの浮動小数点数演算を必要とする数学的メカニズムを活用しています。簡単なニューラルネットワークの実際の構造を開発するためには、基本的な数学演算を理解する必要があります。次に示す基本演算はコードの中で多用されており、もしこれらを高速化する方法がわかれば、ニューラルネットワークの性能が大きく改善されます。

　本章のコードは、本書の他の章と比べて明らかに複雑です。多数の部品から組み立てられているので、実際の結果は最後になります。わずかなコードで構築できるニューラルネットワークについての解説資料は多数ありますが、本章の例では、メカニズムを調べ、異なる部品を読みやすく拡張可能なコードで示すので、どのように協働しているか検討できます。そのため、コードが少し長くなっても、詳しく示しています。

7.3.1　ドット積

　ドット積はフィードフォワードフェーズでもバックプロパゲーションフェーズでも必要だったことを思い出しましょう。幸い、ドット積は Python の組み込み関数 zip() と sum() を使って簡単に実装できます。基本関数は、util.py ファイルにまとめておきます。

例 7-1　util.py

```
from typing import List
from math import exp


# 2つのベクトルのドット積
def dot_product(xs: List[float], ys: List[float]) -> float:
    return sum(x * y for x, y in zip(xs, ys))
```

7.3.2 活性化関数

活性化関数は、信号が次の層に渡る前に、ニューロンの出力を変換すること（図7-2 参照）を思い出しましょう。活性化関数には、（活性化関数自体が単なる線形変換でない限り）単なる線形変換でない解をニューラルネットワークが表し、範囲内の各ニューロンの出力を保持するという 2 つの目的があります。活性化関数は微分可能でバックプロパゲーションに使える必要があります。

シグモイド関数は活性化関数によく使われます。一般的な標準シグモイド関数 $S(x)$ を図 7-7 に、その定義式とその導関数 $S'(x)$ の式をグラフで示します。シグモイド関数の値は常に 0 と 1 の間です。値が常に 0 と 1 の間なのは、ネットワークにとって便利です。図 7-7 に示した式をコードに変換します。

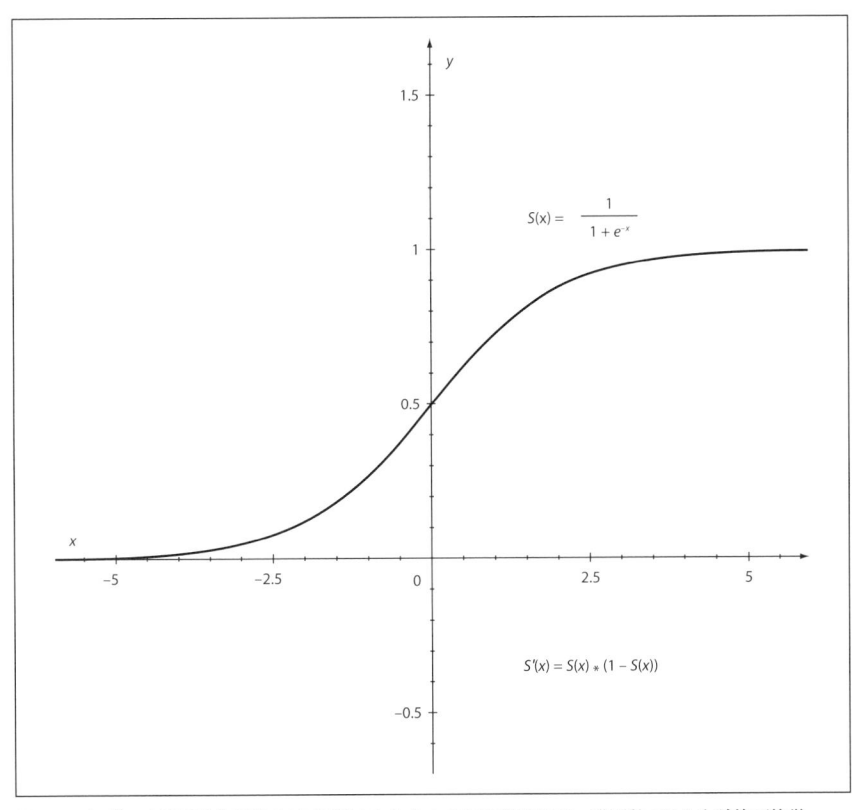

$$S(x) = \frac{1}{1 + e^{-x}}$$

$$S'(x) = S(x) * (1 - S(x))$$

図 7-7　シグモイド活性化関数 S(x) は常に 0 から 1 の間の値を返す。導関数 S´(x) も計算が簡単

他の活性化関数もありますが、ここではシグモイド関数を使います。次のコードは、式をそのままコードに変換したものです。

例 7-2　util.py 続き

```
# 古典的なシグモイド活性化関数
def sigmoid(x: float) -> float:
    return 1.0 / (1.0 + exp(-x))


def derivative_sigmoid(x: float) -> float:
    sig: float = sigmoid(x)
    return sig * (1 - sig)
```

7.4　ネットワークの構築

　ニューロン、層、ネットワークそのものというネットワークの3つの構成要素すべてでモデル化するクラスを作ります。わかりやすいように、一番小さいニューロンから、真ん中の要素層、そして最大のネットワーク全体と順に行います。最小から最大へと進行するにつれて、前の段階をカプセル化します。ニューロンは自分自身についてしか知らず、層は自分が含むニューロンと他の層しか知りません。ネットワークはすべての層を知っています。

> 本章では、本のページの横幅に収まらないコード行が多数あります。本章を読む際には、リポジトリ https://github.com/davecom/ClassicComputerScience ProblemsInPython からコードをダウンロードして、PCなどでコードを表示することを強く勧めます。

7.4.1　ニューロンの実装

　ニューロンから始めます。1つのニューロンに、重み、デルタ、学習率、直前の出力のキャッシュ、活性化関数、活性化関数の導関数というように状態の多くの要素が格納されています。一部の要素は上のレベル（Layer クラス）に格納した方が効率的ですが、本章では説明がわかりやすいように Neuron クラスに含めています。

例 7-3　neuron.py

```python
from typing import List, Callable
from util import dot_product


class Neuron:
    def __init__(self, weights: List[float], learning_rate: float, activation_function:
Callable[[float], float], derivative_activation_function: Callable[[float], float]) ->
None:
        self.weights: List[float] = weights
        self.activation_function: Callable[[float], float] = activation_function
        self.derivative_activation_function: Callable[[float], float] = derivative_
activation_function
        self.learning_rate: float = learning_rate
        self.output_cache: float = 0.0
        self.delta: float = 0.0

    def output(self, inputs: List[float]) -> float:
        self.output_cache = dot_product(inputs, self.weights)
        return self.activation_function(self.output_cache)
```

　パラメータの多くは __init__() メソッドで初期化されます。Neuron 作成時には delta と output_cache がわからないので、0 に初期化されています。変数はすべて変更可能です。ニューロンの生存期間中には値が変わりませんが、柔軟性を確保するために変更可能になっています。例えば、この Neuron クラスを別のネットワークに使う場合は、変数値を途中で変更できます。ニューラルネットワークによっては、学習率を解に近づくにつれて変えたり、別の活性化関数を選ぶものがあります。Neuron クラスは他のニューラルネットワークへの適用を最大限確保するようにしています。

　__init__() メソッドの他には、output() メソッドだけがあります。output() はニューロンへの入力信号（inputs）を受け取り、本章の前の方に登場した公式（図 7-2 参照）に当てはめます。入力信号はドット積で重みと組み合わされ、output_cache にキャッシュされます。活性化関数が適用される前のこの値がデルタの計算に用いられるというバックプロパゲーションの説明を思い出しましょう。最後に、信号を次の層に送る（output() で返される）前に、活性化関数が適用されます。

　このネットワークのニューロンは簡単です。入力信号を受け取り、変換し、送り出されてそれがさらに処理されるというだけです。他のクラスで使われる状態のいくつかの要素を保守します。

7.4.2　層の実装

　本ネットワークの層は状態の3要素、すなわちニューロン、前の層、出力キャッシュを管理する必要があります。出力キャッシュは、ニューロンの場合と同様ですが、1つレベルが上になります。層内の各ニューロンに活性化関数が適用される前の出力をキャッシュします。

　生成時、層はニューロンの初期化が主な役割です。Layer クラスの `__init__()` メソッドは、初期化するニューロンの個数、その活性化関数、およびその学習率を知る必要があります。この簡単なネットワークでは層内の全ニューロンが同じ活性化関数と学習率を持ちます。

例 7-4　layer.py

```
from __future__ import annotations
from typing import List, Callable, Optional
from random import random
from neuron import Neuron
from util import dot_product


class Layer:
    def __init__(self, previous_layer: Optional[Layer], num_neurons: int, learning_rate:
float, activation_function: Callable[[float], float], derivative_activation_function:
Callable[[float], float]) -> None:
        self.previous_layer: Optional[Layer] = previous_layer
        self.neurons: List[Neuron] = []
        # 次のコードは1つの長いリスト内包表記で書ける
        for i in range(num_neurons):
            if previous_layer is None:
                random_weights: List[float] = []
            else:
                random_weights = [random() for _ in range(len(previous_layer.neurons))]
            neuron: Neuron = Neuron(random_weights, learning_rate, activation_function,
                derivative_activation_function)
            self.neurons.append(neuron)
        self.output_cache: List[float] = [0.0 for _ in range(num_neurons)]
```

　信号がネットワークを通って前方に渡されるので、Layer はすべてのニューロンで（層の全ニューロンが前の層の全ニューロンから信号を受け取ることを思い出すこと）信号を処理しなければなりません。outputs() がそれをします。outputs() は（ネッ

トワークを通じて次の層に渡す）処理結果も返して、出力をキャッシュします。前の
層が存在しない場合は、その層が入力層なので、信号を次の層に渡すだけです。

例 7-5　layer.py 続き

```python
def outputs(self, inputs: List[float]) -> List[float]:
    if self.previous_layer is None:
        self.output_cache = inputs
    else:
        self.output_cache = [n.output(inputs) for n in self.neurons]
    return self.output_cache
```

　バックプロパゲーションでは、出力層のニューロンのデルタと隠れ層のニューロン
のデルタという 2 つの異なる種類のデルタを計算します。**図 7-4** と**図 7-5** に公式を
示してあります。次の 2 つのメソッドがそのコードです。これらのメソッドはバック
プロパゲーション時にネットワークから呼び出されます。

例 7-6　layer.py 続き

```python
# 出力層だけで呼び出されるはず
def calculate_deltas_for_output_layer(self, expected: List[float]) -> None:
    for n in range(len(self.neurons)):
        self.neurons[n].delta =
            self.neurons[n].derivative_activation_function(self.neurons[n].output_cac
            he) * (expected[n] - self.output_cache[n])

# 出力層では呼ばれるべきでない
def calculate_deltas_for_hidden_layer(self, next_layer: Layer) -> None:
    for index, neuron in enumerate(self.neurons):
        next_weights: List[float] = [n.weights[index] for n in next_layer.neurons]
        next_deltas: List[float] = [n.delta for n in next_layer.neurons]
        sum_weights_and_deltas: float = dot_product(next_weights, next_deltas)
        neuron.delta = neuron.derivative_activation_function(neuron.output_cache) *
            sum_weights_and_deltas
```

7.4.3　ネットワークの実装

　ネットワークそのものには、管理している層という 1 種類の状態しかありません。
Network クラスは構成する層の初期化を行います。

　__init__() メソッドは、ネットワークの構造を記述する int リストを引数に取り
ます。例えば、リスト [2, 4, 3] は、入力層に 2 ニューロン、隠れ層に 4 ニューロン、

出力層に3ニューロンのネットワークです。この簡単なネットワークでは、ネットワークの全層がニューロンに同じ活性化関数と学習率を使うものと仮定します。

例7-7　network.py

```python
from __future__ import annotations
from typing import List, Callable, TypeVar, Tuple
from functools import reduce
from layer import Layer
from util import sigmoid, derivative_sigmoid

T = TypeVar('T') # ニューラルネットワークの解釈の出力型


class Network:
    def __init__(self, layer_structure: List[int], learning_rate: float,
        activation_function: Callable[[float], float] = sigmoid,
        derivative_activation_function: Callable[[float], float] = derivative_sigmoid) ->
        None:
        if len(layer_structure) < 3:
            raise ValueError("Error: Should be at least 3 layers (1 input, 1 hidden, 1
                output)")
        self.layers: List[Layer] = []
        # 入力層
        input_layer: Layer = Layer(None, layer_structure[0], learning_rate,
            activation_function, derivative_activation_function)
        self.layers.append(input_layer)
        # 隠れ層と出力層
        for previous, num_neurons in enumerate(layer_structure[1::]):
            next_layer = Layer(self.layers[previous], num_neurons, learning_rate,
                activation_function, derivative_activation_function)
            self.layers.append(next_layer)
```

ニューラルネットワークの出力は層すべてを流れた信号の結果です。ネットワーク全体で層間の信号を渡すとき、outputs() で reduce() を用いて簡潔にしています。

例7-8　network.py 続き

```python
    # 入力データを第1層に出力し、第1層の出力を第2層への入力に、
    # さらに第2層から第3層へ
    def outputs(self, input: List[float]) -> List[float]:
        return reduce(lambda inputs, layer: layer.outputs(inputs), self.layers, input)
```

backpropagate() メソッドは、ネットワークの各ニューロンのデルタの計算を行

います。Layer の calculate_deltas_for_output_layer() メソッドと calculate_deltas_for_hidden_layer() メソッドを順に使います（バックプロパゲーションではデルタが後ろ方向に計算されました）。与えられた入力に対する期待値を calculate_deltas_for_output_layer() に渡します。このメソッドは期待値を使ってデルタ計算に用いる誤差を求めます。

例 7-9　network.py 続き

```
# 出力と期待値の誤差に基づき各ニューロンの変化を明確にする
def backpropagate(self, expected: List[float]) -> None:
    # 出力層ニューロンのデルタ計算
    last_layer: int = len(self.layers) - 1
    self.layers[last_layer].calculate_deltas_for_output_layer(expected)
    # 逆順で隠れ層のデルタを計算
    for l in range(last_layer - 1, 0, -1):
        self.layers[l].calculate_deltas_for_hidden_layer(self.layers[l + 1])
```

　backpropagate() メソッドは全デルタの計算を行いますが、ネットワークの重みは変更しません。重み修正がデルタに依存するため backpropagate() の後で、update_weights() を呼び出さねばなりません。このメソッドは**図 7-6** の公式を使って計算します。

例 7-10　network.py 続き

```
# backpropagate() は実際には重みを変えない
# この関数は backpropagate() で計算されたデータを使い、実際に重みを変える
def update_weights(self) -> None:
    for layer in self.layers[1:]: # 入力層をスキップ
        for neuron in layer.neurons:
            for w in range(len(neuron.weights)):
                neuron.weights[w] = neuron.weights[w] + (neuron.learning_rate *
                    (layer.previous_layer.output_cache[w]) * neuron.delta)
```

　ニューロンの重みは実際には訓練のたびに修正されます。ネットワークには訓練集合（入力と期待される出力の組）が渡されます。train() メソッドは入力リストのリストと期待される出力リストのリストを取ります。各入力をネットワークに流してから、期待される出力で backpropagate()（とその後の update_weights()）を呼び出します。ネットワークが訓練集合を受け取るたびに差異率を出力するコードを追加して、勾配降下法の勾配を下るにつれて、ネットワークが差異率を徐々に減らしている

ことがわかります。

例 7-11　network.py 続き

```python
# train() は多数の入力で実行した outputs() の結果を期待値と比較して
# その誤差を backpropagate() に渡して update_weights() を実行する
def train(self, inputs: List[List[float]], expecteds: List[List[float]]) -> None:
    for location, xs in enumerate(inputs):
        ys: List[float] = expecteds[location]
        outs: List[float] = self.outputs(xs)
        self.backpropagate(ys)
        self.update_weights()
```

　最後に、ネットワークの訓練後にテストする必要があります。validate() が
（train() と同様）入力と期待される出力を取って、正確度（パーセント）を計算します。
ネットワークは訓練済みと仮定して、validate() も関数 interpret_output() を取っ
て、ニューラルネットワークの出力を解釈するのに使い、期待される出力と比較しま
す（おそらく、期待される出力は浮動小数点数ではなく amphibian（両生類）のよう
な文字列になっている）。interpret_output() は、ネットワークの出力として浮動小
数点数を取って、期待される出力と比較可能なものに変換します。これはデータセッ
トごとに特有の関数になるでしょう。validate() は、正しく分類された個数、試行
したサンプルの個数、正しい分類の割合を返します。

例 7-12　network.py 続き

```python
# 分類を要する一般結果として、この関数は正しい試行回数と正確度を返す
def validate(self, inputs: List[List[float]], expecteds: List[T], interpret_output:
Callable[[List[float]], T]) -> Tuple[int, int, float]:
    correct: int = 0
    for input, expected in zip(inputs, expecteds):
        result: T = interpret_output(self.outputs(input))
        if result == expected:
            correct += 1
    percentage: float = correct / len(inputs)
    return correct, len(inputs), percentage
```

　これでニューラルネットワークができました。実際の問題で試すことができます。
構築したアーキテクチャはさまざまな問題を扱える一般的なものですが、よく使われ
る分類問題に焦点を絞ります。

7.5 分類問題

6章で、各データがどのカテゴリに属するかを前もって知らないで k 平均クラスタリングによるカテゴリ分けを行いました。クラスタリングでは、データのカテゴリを求めたいのですが、前もってそのカテゴリがどのようなものになるか知りませんでした。分類問題でも、データセットをカテゴリ分けしますが、前もってカテゴリがわかっています。例えば、動物の写真を分類する場合、前もって、哺乳類、爬虫類、両生類、魚類、鳥類といったカテゴリを決めています。

分類問題に使える機械学習技法は多数あります。サポートベクターマシン、決定木、ナイーブベイズ分類器などを聞いたことがあるでしょう（他にもあります）。最近では、ニューラルネットワークが分類問題でも広く使われています。他の分類アルゴリズムに比べると計算資源を消費しますが、どのような種類のデータでも構わず分類するという能力に関しては強力な技法だと考えられます。ニューラルネットワーク分類器は、最近の強力な写真管理ソフトウェアの分類機能の実現に使われています。

分類問題にニューラルネットワークを使いたいという新たな興味がなぜ掻きたてられたのでしょうか。他のアルゴリズムと比べると、ハードウェアが十分速くなって多くの計算ができるようになったので、試すだけの価値が出てきたのです。

7.5.1 データの正規化

作業予定のデータセットは、一般に、このアルゴリズムに入力する前に何らかの「クリーニング」が必要です。クリーニングには、余分な文字の削除、重複の削除、誤ったデータの修正、その他単調な作業が含まれます。ここで扱う 2 つのデータセットに関して行わなければならないクリーニングは正規化です。6章では、KMeans クラスの zscore_normalize() メソッドで行いました。正規化では、異なるスケールで記録された属性に対して、共通のスケールで扱えるように変換します。

ネットワーク中の各ニューロンは、シグモイド活性化関数に応じて 0 から 1 の値を出力します。この入力データの属性に対しては 0 から 1 のスケールが論理的に妥当と思われます。ある範囲のスケールを 0 から 1 の範囲に変換するのはあまり難しくはありません。ある属性範囲の値 V、最大値 max、最小値 min に対して、式は newV = (oldV - min) / (max - min) となります。この操作は**特徴量スケーリング**（feature scaling）と呼ばれます。util.py に追加した Python 実装を次に示します。

例 7-13　util.py 続き

```
# 仮定：行の長さは等しく、各列の値の範囲は 0 − 1
def normalize_by_feature_scaling(dataset: List[List[float]]) -> None:
    for col_num in range(len(dataset[0])):
        column: List[float] = [row[col_num] for row in dataset]
        maximum = max(column)
        minimum = min(column)
        for row_num in range(len(dataset)):
            dataset[row_num][col_num] = (dataset[row_num][col_num] - minimum) /
                (maximum - minimum)
```

　パラメータの dataset に注目してください。直接変更されるリストのリストへの参照になっています。すなわち、normalize_by_feature_scaling() はデータセットのコピーではなく、元のデータへの参照を受け取ります。これは、変更したコピーを受け取るのではなく、値を直接変更したいという状況です。

　プログラムでは、データセットを float の 2 次元リストとしていることにも注意してください。

7.5.2　クラシックな iris データセット
［問題27　アヤメの分類］

　クラシックなコンピュータサイエンス問題と同様、機械学習にはクラシックなデータセットがあります。そのようなデータセットは、新たな技法の検証や、既存の技法との比較に用いられます。機械学習を初めて学ぶ人にとっては、良い出発点にもなります。おそらく最も有名なのがこの iris データセット[†]でしょう。元々は 1930 年代に集められたこのデータセットは、150 個のアヤメ（iris、菖蒲、きれいな花です）3 品種（各品種につき 50 個）のデータです。それぞれの植物の 4 属性、がく片の長さ（sepal length）、がく片の幅（sepal width）、花びらの長さ（petal length）、花びらの幅（petal width）が計測されています。

　ニューラルネットワークでは、属性が何を表しているかは無視することに注意してください。訓練モデルは、重要度に関して、がく片の長さと花びらの長さも区別しません。そのような区別が必要な場合は、ニューラルネットワークの利用者が適切に処理するのです。

　本書付属のソースコードリポジトリ（https://github.com/davecom/ClassicCom

[†]　訳注：https://en.wikipedia.org/wiki/Iris_flower_data_set 参照

puterScienceProblemsInPython）には、iris データセットの CSV（カンマ区切り）
ファイルが含まれています。iris データセット自体は、カリフォルニア州立大学の
UCI 機械学習リポジトリ、M. Lichman, UCI Machine Learning Repository（Irvine,
CA: University of California, School of Information and Computer Science, 2013,
https://archive.ics.uci.edu/ml）のものです。CSV ファイルは、値がカンマで区切
られたテキストファイルです。スプレッドシートをはじめ表形式データの交換フォー
マットとして使われます。

Iris.csv の数行を次に示します。

```
5.1,3.5,1.4,0.2,Iris-setosa
4.9,3.0,1.4,0.2,Iris-setosa
4.7,3.2,1.3,0.2,Iris-setosa
4.6,3.1,1.5,0.2,Iris-setosa
5.0,3.6,1.4,0.2,Iris-setosa
```

1 行が 1 つのデータポイントを表します。4 つの数値は 4 つの属性（がく片の長さ、
がく片の幅、花びらの長さ、花びらの幅）を表しますが、実際に何を表すかについて
はここでは無視します。各行末尾の名前はアヤメの品種です。品種ごとに 50 行ずつ
のデータになっています。この 5 行はファイルの先頭から取られたので同じ品種です。

CSV ファイルを読み込むには Python 標準ライブラリの関数を使います。csv モ
ジュールで、データを構造として読み込むことができます。組み込みの open() 関数は、
csv.reader() に渡すファイルオブジェクトを作ります。この後のコードは、CSV ファ
イルから読み込んだデータを整理して、訓練と検証のためにネットワークへ渡すため
の準備をするものです。

例 7-14 iris_test.py

```python
import csv
from typing import List
from util import normalize_by_feature_scaling
from network import Network
from random import shuffle

if __name__ == "__main__":
    iris_parameters: List[List[float]] = []
    iris_classifications: List[List[float]] = []
    iris_species: List[str] = []
    with open('iris.csv', mode='r') as iris_file:
```

```
    irises: List = list(csv.reader(iris_file))
    shuffle(irises) # データの行をランダムにシャッフル
    for iris in irises:
        parameters: List[float] = [float(n) for n in iris[0:4]]
        iris_parameters.append(parameters)
        species: str = iris[4]
        if species == "Iris-setosa":
            iris_classifications.append([1.0, 0.0, 0.0])
        elif species == "Iris-versicolor":
            iris_classifications.append([0.0, 1.0, 0.0])
        else:
            iris_classifications.append([0.0, 0.0, 1.0])
        iris_species.append(species)
normalize_by_feature_scaling(iris_parameters)
```

iris_parameters はアヤメの分類に使う4属性のリストを表します。iris_classifications は、各サンプルの実際の分類です。このニューラルネットワークには3つの出力ニューロンがあり、それぞれがアヤメの品種を表します。例えば、最終出力集合が [0.9, 0.3, 0.1] の場合、第1ニューロンがヒオウギアヤメ（iris-setosa）を表し、それが最大なので、分類はヒオウギアヤメになります。

訓練用には、正解がわかっているので、それぞれに品種が振られています。ヒオウギアヤメの花に対する iris_classifications の項目の値は、[1.0, 0.0, 0.0] です。これらの値が訓練ステップの後の計算に使われます。iris_species は花が英語の分類ではどうなのかを示します。ヒオウギアヤメの花はこのデータセットでは "Iris-setosa" となっています。

 エラーチェックのコードがないので、このコードはかなり脆弱です。このままでは現場で実際に使うには不適ですが、テスト用には十分です。

ニューラルネットワークそのものを次に定義します。

例7-15　iris_test.py 続き

```
iris_network: Network = Network([4, 6, 3], 0.3)
```

layer_structure 引数の値は、[4, 6, 3] という3層（入力層、隠れ層、出力層）のネットワークです。入力層に4ニューロン、隠れ層に6ニューロン、出力層に3ニューロンがあります。入力層の4ニューロンは品種分類に使われる4パラメータに対応

します。出力層の 3 ニューロンは、入力を分類したい 3 つの品種に対応させます。
隠れ層の 6 ニューロンというのは、公式から導かれたのではなく、試行錯誤の結果求
めたものです。learning_rate についても同じことが言えます。これらの（隠れ層の
ニューロン数と学習率）値については、ネットワークが準最適かどうか実験できます。

例 7-16　iris_test.py 続き

```python
def iris_interpret_output(output: List[float]) -> str:
    if max(output) == output[0]:
        return "Iris-setosa"
    elif max(output) == output[1]:
        return "Iris-versicolor"
    else:
        return "Iris-virginica"
```

　iris_interpret_output() は、分類が正しいか調べるユーティリティ関数で、ネッ
トワークの validate() メソッドに渡されます。

　ネットワークを訓練する準備がやっと整いました。

例 7-17　iris_test.py 続き

```python
# データの先頭の 140 個のアヤメで 50 回訓練
iris_trainers: List[List[float]] = iris_parameters[0:140]
iris_trainers_corrects: List[List[float]] = iris_classifications[0:140]
for _ in range(50):
    iris_network.train(iris_trainers, iris_trainers_corrects)
```

　データセットの 150 個のうち 140 個のアヤメで訓練します。CSV ファイルから読
み込んだ行をシャッフルしたことを思い出しましょう。これによって、プログラム実
行時ごとに異なるデータセットで訓練できます。140 個のアヤメを 50 回訓練したこ
とに注意。この値を変えれば、ニューラルネットワークの訓練時間を変えられます。
一般に、訓練すればするほど、ニューラルネットワークは正確になります。最終テス
トで、データセットの最後の 10 個のアヤメを正しく分類できるか検証します。

例 7-18　iris_test.py 続き

```python
# データセットの最後の 10 種のアヤメでテスト
iris_testers: List[List[float]] = iris_parameters[140:150]
iris_testers_corrects: List[str] = iris_species[140:150]
iris_results = iris_network.validate(iris_testers, iris_testers_corrects,
        iris_interpret_output)
```

```
print(f"{iris_results[0]} correct of {iris_results[1]} = {iris_results[2] * 100}%")
```

これまでの作業の結果がこの課題に集約されます。データセットから無作為抽出した10個のアヤメのうち、いくつをニューラルネットワークは正しく分類できるでしょうか。各ニューロンの重みの初期値はランダムに設定されているので、実行ごとに結果は異なります。学習率、隠れ層のニューロン数、訓練回数を変えることによって、ネットワークの正確度を高められます。

最終的に次のような結果が得られるでしょう。

```
9 correct of 10 = 90.0%
```

7.5.3　ワインの分類　[問題28　ワインの分類]

このニューラルネットワークを別のデータセット、イタリア産ワインの品種の化学分析[†]でテストしましょう。178個のサンプルがあります。このデータセットに対する作業はアヤメの場合とほぼ同じですが、CSVファイルの構成は少し異なります。次にサンプル例を示します。

```
1,14.23,1.71,2.43,15.6,127,2.8,3.06,.28,2.29,5.64,1.04,3.92,1065
1,13.2,1.78,2.14,11.2,100,2.65,2.76,.26,1.28,4.38,1.05,3.4,1050
1,13.16,2.36,2.67,18.6,101,2.8,3.24,.3,2.81,5.68,1.03,3.17,1185
1,14.37,1.95,2.5,16.8,113,3.85,3.49,.24,2.18,7.8,.86,3.45,1480
1,13.24,2.59,2.87,21,118,2.8,2.69,.39,1.82,4.32,1.04,2.93,735
```

各行の先頭の値は1から3の整数値でワインの品種を表します。分類用にパラメータがいくつあるか注目してください。アヤメの場合は4つだけでした。ワインデータセットには13あります。

本書のニューラルネットワークモデルは問題なくスケールします。入力ニューロンを増やすだけで済みます。wine_test.py は iris_test.py とほぼ同じですが、配置の違いを反映して少し異なります。

[†]　原　注：M. Lichman, UCI Machine Learning Repository (Irvine, CA: University of California, School of Information and Computer Science, 2013) http://archive.ics.uci.edu/ml（訳注：ワインのデータは http://archive.ics.uci.edu/ml/datasets/Wine にある）。

例 7-19　wine_test.py

```python
from typing import List
from util import normalize_by_feature_scaling
from network import Network
from random import shuffle

if __name__ == "__main__":
    wine_parameters: List[List[float]] = []
    wine_classifications: List[List[float]] = []
    wine_species: List[int] = []
    with open('wine.csv', mode='r') as wine_file:
        wines: List = list(csv.reader(wine_file, quoting=csv.QUOTE_NONNUMERIC))
        shuffle(wines) # データ行をランダム化
        for wine in wines:
            parameters: List[float] = [float(n) for n in wine[1:14]]
            wine_parameters.append(parameters)
            species: int = int(wine[0])
            if species == 1:
                wine_classifications.append([1.0, 0.0, 0.0])
            elif species == 2:
                wine_classifications.append([0.0, 1.0, 0.0])
            else:
                wine_classifications.append([0.0, 0.0, 1.0])
            wine_species.append(species)
    normalize_by_feature_scaling(wine_parameters)
```

ワイン分類ネットワークの層構成では、すでに述べたように13入力ニューロ
ン（パラメータごとに1つ）必要です。出力ニューロンも3つ（アヤメの場合
と同様、3品種）必要です。興味深いことに隠れ層のニューロン数は入力ニュー
ロン数より少なくてもうまくいきます。直感的な説明をすると、影響しないパ
ラメータがあり、処理では使わないほうがよいのです。これは決して隠れ層の
ニューロンがなぜ少ないかの正確な理由ではなく、直感的に興味深いアイデア
にすぎません。

例 7-20　wine_test.py 続き

```python
wine_network: Network = Network([13, 7, 3], 0.9)
```

　この場合も隠れ層のニューロン数や学習率を変えて試すと面白いでしょう。

例 7-21　wine_test.py 続き

```python
def wine_interpret_output(output: List[float]) -> int:
    if max(output) == output[0]:
        return 1
    elif max(output) == output[1]:
        return 2
    else:
        return 3
```

wine_interpret_output() と iris_interpret_output() はほぼ同じです。ワインの品種は名前がわからないので元のデータセットの数字をそのまま用います。

例 7-22　wine_test.py 続き

```python
# 最初の 150 サンプルで 10 回訓練
wine_trainers: List[List[float]] = wine_parameters[0:150]
wine_trainers_corrects: List[List[float]] = wine_classifications[0:150]
for _ in range(10):
    wine_network.train(wine_trainers, wine_trainers_corrects)
```

データセットの中の最初の 150 サンプルで訓練し、最後の 28 サンプルを検証用に残しておきます。アヤメの場合の 50 回より大幅に少ない 10 回訓練します。どのような理由（データセットの本質的性質、学習率や隠れ層のニューロン数などの調整により）であれ、このデータセットはアヤメのデータセットより少ない訓練で十分な正確度を達成します。

例 7-23　wine_test.py 続き

```python
# データセットの最後の 28 ワインでテスト
wine_testers: List[List[float]] = wine_parameters[150:178]
wine_testers_corrects: List[int] = wine_species[150:178]
wine_results = wine_network.validate(wine_testers, wine_testers_corrects, wine_
interpret_output)
print(f"{wine_results[0]} correct of {wine_results[1]} = {wine_results[2] * 100}%")
```

ニューラルネットワークで 28 個のサンプルを正確に分類できます。

```
27 correct of 28 = 96.42857142857143%
```

7.6 ニューラルネットワークの高速化

ニューラルネットワークは多数のベクトル／行列計算を使います。これは数のリストを引数に取り、それらすべてに演算を一度に行うことを意味します。機械学習が私達の社会に浸透するにつれて、最適化された高性能のベクトル／行列計算ライブラリの重要性が増しています。ライブラリの多くが GPU を活用しています。この種の演算（ベクトル／行列計算はコンピュータグラフィックスで中心的役割を担う）に GPU が適しているからです。古くからのライブラリだと、BLAS（基本線形代数サブプログラム：Basic Linear Algebra Subprograms）を聞いたことがあるでしょう。Python の代表的数値計算ライブラリ NumPy は、BLAS の実装に基づいています。

GPU 以外に CPU でもベクトル／行列計算を高速化する拡張があります。NumPy には SIMD（単一命令複数データ）命令を活用する関数があります。SIMD 命令は複数のデータを一度に処理できるマイクロプロセッサの特殊命令です。**ベクトル演算**とも呼びます。

マイクロプロセッサは独自の SIMD 命令を備えています。例えば、G4（2000 年代初期の Mac に使われた PowerPC の 1 つ）の SIMD 拡張は AltiVec です。iPhone などに使われている ARM マイクロプロセッサでは NEON です。最近の Intel マイクロプロセッサの SIMD 拡張は MMX, SSE, SSE2, SSE3 です。これらの相違点を知っておく必要はありません。NumPy のようなライブラリがプログラムを実行するアーキテクチャで効率の良い演算を自動選択してくれるからです。

したがって、実際に使われているニューラルネットワークライブラリが（本章の簡易ライブラリとは異なり）Python 標準ライブラリのリストではなく NumPy 配列を基盤データ構造に用いているのは当然です。しかし、それだけにとどまらず、TensorFlow や PyTorch のような代表的な Python ニューラルネットワークライブラリでは SIMD 命令を使うだけでなく、GPU 計算そのものを活用しています。GPU が高速ベクトル計算用に設計されているので、これによって、CPU だけで実行するのに比べてニューラルネットワークが 1 桁高速化されます。

まとめます。プロダクションでニューラルネットワークを実装する場合には、本章のように Python 標準ライブラリだけを使うことは決してありません。代わりに、TensorFlow のような SIMD と GPU を活用するよう最適化されたライブラリを使うはずです。例外は、SIMD 命令も GPU もない組み込み機器で実行したり、教育用に設計したニューラルネットワークだけでしょう。

7.7　ニューラルネットワーク問題とその拡張

　ニューラルネットワークは深層学習の進歩によって、現在話題沸騰中ですが、いくつかの重大な欠点も抱えています。最大の問題は、ニューラルネットワークの解がブラックボックスであることです。ニューラルネットワークがうまく動いても、利用者にはどのようにして問題を解いたかがわかりません。例えば、本章で扱ったアヤメのデータセット分類は、入力の4パラメータのどれがどのように出力に影響しているかがわかりません。がく片の長さの方ががく片の幅よりも分類で重要でしょうか。

　訓練したネットワークの最終的な重みを注意深く分析すれば、洞察が得られるでしょうが、そのような分析は自明でなく、線形回帰がモデル化している関数の変数の意味を与えるようにはいきません。言い換えると、ニューラルネットワークは問題を解くのですが、どのようにして問題を解いたのかを説明しません。

　ニューラルネットワークのもう1つの問題は、正確度を高めるには非常に巨大なデータセットが必要になることが多いことです。外の景色の分類を考えてみましょう。何千という種類の画像（森、谷、山、川、草原など）を分類する必要があります。数百万の訓練画像が必要となります。そのような巨大なデータセットは手に入れることが難しいだけでなく、応用（事例）によってはそもそもまったく存在しないかもしれません。そのような膨大なデータセットを収集し格納するのは、巨大企業や政府でないとデータウェアハウスや技術的なファシリティがないかもしれません。

　最後に、ニューラルネットワークには膨大な計算能力が必要になります。すでに気付いていると思いますが、アヤメのデータセットの訓練だけで Python インタープリタは息が切れそうです。純粋な Python は（少なくとも NumPy のような C で効率化したライブラリがないと）計算能力に優れてはおらず、ニューラルネットワークを使う計算プラットフォームではネットワーク実行に膨大な計算が必要なので長い時間がかかります。ニューラルネットワークの性能を上げるために（SIMD 命令や GPU を使うなど）さまざまな工夫がなされてきましたが、結局、ニューラルネットワークの訓練には膨大な浮動小数点数計算が必要です。

　幸い、訓練時の方が実際にネットワークを使うよりも多大の計算を必要とします。アプリケーションによっては、実行時にその場での訓練を必要としません。そのような場合には、訓練したネットワークをアプリケーションに移植して問題を解くことができます。例えば、Apple の Core ML フレームワークの最初のバージョンは訓練をサポートしていませんでした。アプリの開発者が、前もって訓練したニューラルネッ

トワークをアプリで実行することだけをサポートしていました。写真アプリの開発者は、無料のライセンス付き画像分類モデルをダウンロードして、Core ML に入れれば、アプリの中ですぐ性能の良い機械学習を開始できます。

　本章では、バックプロパゲーション付きフィードフォワードネットワークという1種類のニューラルネットワークだけを学びました。すでに述べたように他にも多種類のニューラルネットワークがあります。畳み込みニューラルネットワーク（CNN）もフィードフォワード型ですが、複数の異なる種類の隠れ層、異なる分散重み機構、さらに画像分類用に設計された興味深い特性があります。再帰型ニューラルネットワーク（RNN）では、信号は一方向に進むだけではありません。フィードバックループがあり、手書き文字認識や音声認識のような連続入力アプリケーションで使えることが実証されています。

　バイアスニューロンを追加するだけで、本章のニューラルネットワークの性能を手軽に向上させられます。バイアスニューロンは層内のダミーニューロンのようなもので、定数入力を与え（重み修正は含む）、次の層の出力が関数を表すようにします。実世界問題を扱うごく簡単なニューラルネットワークでもバイアスニューロンを含んでいます。本章で作ったネットワークにバイアスニューロンを追加すれば、同程度の正確さを達成するための訓練が少なくて済みます。

7.8　実世界での応用

　ニューラルネットワークは 20 世紀半ばにはすでに着想されていたにもかかわらず、10 年ほど前までは普及しませんでした。十分な性能を持つハードウェアが使えるようになって広く応用されるようになりました。今日では、実際に使われ出したために機械学習分野の中でも人工ニューラルネットワークが爆発的に成長しています。

　人工ニューラルネットワークはここ数十年で、ユーザが目にする最も便利なアプリケーションのいくつかを実現してきました。その中には、実用的な音声認識（実用に耐えるほど正確）、画像認識、手書き文字認識などがあります。現在の音声認識は、Dragon Naturally Speaking のような音声入力や Siri、Alexa、Cortana のようなデジタルアシスタントに使われています。画像認識の例には、顔認識を使った Facebook の人物写真の自動タグ付けがあります。iOS の最新バージョンでは、手書き文字認識を使って手書き文字のノートの検索ができます。

　ニューラルネットワークを使って以前からある認識技術が強力になったのが OCR

（光学文字認識）です。文書のスキャンに OCR が使われて、画像ではなく処理しやすいテキストが得られます。高速道路の料金所では OCR が自動車のナンバープレートを読み取り、郵便局では OCR が封筒の郵便番号を読み取って仕分けします。

　本章では、ニューラルネットワークを使って分類問題を解きました。ニューラルネットワークが活躍する同じようなアプリケーションにレコメンデーションシステムがあります。Netflix は映画、Amazon は本を推薦してくることを考えてみてください。レコメンデーションシステムには、他の機械学習技法もよく使われますので（Amazon や Netflix はニューラルネットワークをこの目的のために使っているとは限らず、システムの詳細は企業秘密）、ニューラルネットワークは選ばれるとしても他のすべての選択肢を試した後になるでしょう。

　ニューラルネットワークは、未知の関数を近似する状況でも使われます。よって、予測に役立ちます。ニューラルネットワークは、スポーツの試合、選挙、株価予測（実際に使用）にも使われています。もちろん、その予測精度は訓練の度合いと未知の出力イベントに関するデータがどのくらい得られるか、ニューラルネットワークのパラメータがどの程度に調整できているか、訓練を行った回数に依存します。予測においては、他のニューラルネットワークアプリケーションと同様、最も難しいのが、ネットワークそのものの構造をどうするかで、最終的には試行錯誤で選ぶことがしばしばあります。

7.9　練習問題

1. 本章で作ったニューラルネットワークを使って他のデータセットで要素を分類しなさい。

2. 本章の CSV パージングの例を両方とも置き換えられるようパラメータに柔軟性を持たせたジェネリック関数 parse_CSV() を作りなさい。

3. 活性化関数を変更して（導関数を変更するのも忘れないこと）例を実行してみなさい。活性化関数を変更するとネットワークの正確さに影響があったでしょうか。必要な訓練の回数は増えましたか減りましたか。

4. 本章の問題に対して、TensorFlow や PyTorch のようなニューラルネットワークフレームワークを使って解きなさい。

5. NumPy を使って Network, Layer, Neuron クラスを書き直し、本章で作ったニューラルネットワークの実行を高速化しなさい。

8章

敵対探索

2プレイヤーゼロサム完全情報ゲームは、対戦する2人のプレイヤーがゲームに関する全情報をともに保持して、片方の得点が他の失点になるゲームです。そのようなゲームには、三目並べ、コネクトフォー、チェッカー、チェスなどがあります。本章では、このようなゲームをうまくプレイできるコンピュータプレイヤーをどのようにして作るか学びます。実際、本章で説明する技法と最新コンピュータの威力を組み合わせれば、この種のゲームを完全に攻略し、人間では手に負えない複雑なゲームもプレイできるコンピュータプレイヤーを作ることができます。

8.1　ボードゲームの基本要素

本書の他の複雑な問題の場合と同様に、この解もできるだけジェネリックなものにします。つまり、敵対探索については、ゲーム専用ではない探索アルゴリズムを考えましょう。探索アルゴリズムに必要な全状態を定義する簡単な基底クラスの定義から始めましょう。後で、三目並べやコネクトフォーといったゲーム用にそのサブクラスを実装し、プレイするための探索アルゴリズムを与えます。基底クラスをまず示してから、その後で説明します。

例 8-1　board.py

```python
from __future__ import annotations
from typing import NewType, List
from abc import ABC, abstractmethod

Move = NewType('Move', int)
```

```python
class Piece:
    @property
    def opposite(self) -> Piece:
        raise NotImplementedError("Should be implemented by subclasses.")


class Board(ABC):
    @property
    @abstractmethod
    def turn(self) -> Piece:
        ...

    @abstractmethod
    def move(self, location: Move) -> Board:
        ...

    @property
    @abstractmethod
    def legal_moves(self) -> List[Move]:
        ...

    @property
    @abstractmethod
    def is_win(self) -> bool:
        ...

    @property
    def is_draw(self) -> bool:
        return (not self.is_win) and (len(self.legal_moves) == 0)

    @abstractmethod
    def evaluate(self, player: Piece) -> float:
        ...
```

　新たな型 Move がゲームにおける手を表します。中身はただの整数です。三目並べ
やコネクトフォーのようなゲームでは、整数でマス目や列に駒を置く手を表すことが
できます。Piece はゲームの盤面上の駒を表す基底クラスです。駒は手番も示します。
よって、opposite プロパティが必要になります。次の手番は誰かを知る必要がある
からです。

三目並べやコネクトフォーには、1種類の駒しかないので本章では Piece が手番も表します。チェスのようにもっと複雑なゲームでは、複数の異なる種類の駒があるので、手番は整数または boolean で示します。あるいは、複雑な Piece 型で color 属性を使い手番を示すこともあります。

　抽象基底クラス Board が盤面状態を実際に保持します。探索アルゴリズムが扱うどのようなゲームでも、次の4つの問いに答える必要があります。

- 次は誰の手番か
- 現在の位置で指せる可能な手は何か
- ゲームに勝ったか
- ゲームは引き分けか

　引き分けかという最後の問いは、多くのゲームでその前の2問の組み合わせに等しくなります。ゲームに勝てず打てる手がなければ引き分けです。これが、抽象基底クラス Game に is_draw プロパティが具体的に実装されている理由です。さらに、次の2つを実行できます。

- 現在の位置から新たな位置へ駒を動かす。
- どちらのプレイヤーがその位置で有利になるか評価する。

　Board のメソッドとプロパティは、上に述べた問いまたは動作のいずれかを表します。Board クラスは、ゲーム用語ではポジションとも呼ばれますが、本章では特殊なサブクラスを指すのに使います。

8.2　三目並べ [問題29　三目並べ]

　三目並べ（Tic-tac-toe とも）は簡単なゲームですが、もっと高度なコネクトフォー、チェッカー、チェスなどの戦略ゲームに使われるのと同じミニマックスアルゴリズムの説明に使います。

本節では、読者が三目並べとその標準的なルールを知っているものと仮定します。知らない場合は、ネットで調べるのが手っ取り早いでしょう。

8.2.1 三目並べの状態管理

　三目並べのゲームの状態をその進行とともに記録するデータ構造を作りましょう。

　まず、三目並べの盤面の各マス目を表す方法が必要です。Piece のサブクラスの TTTPiece で駒を表す enum を使います。三目並べの駒は X、O、または空（enum では E で表す）です。

例 8-2　tictactoe.py

```python
from __future__ import annotations
from typing import List
from enum import Enum
from board import Piece, Board, Move


class TTTPiece(Piece, Enum):
    X = "X"
    O = "O"
    E = " " # 空を表す

    @property
    def opposite(self) -> TTTPiece:
        if self == TTTPiece.X:
            return TTTPiece.O
        elif self == TTTPiece.O:
            return TTTPiece.X
        else:
            return TTTPiece.E

    def __str__(self) -> str:
        return self.value
```

　TTTPiece クラスは opposite プロパティを持ちますが、これはもう 1 つの TTTPiece を返します。これを使って三目並べのプレイヤーが順番に交代します。手を表すには盤面のマス目を表す整数を使い、そこに駒を置きます。Move が board.py で整数として定義していたことを思い出してください。

　三目並べの盤面は、3 行 3 列で 9 つのポジションがあります。簡潔にするため、9 つの位置を 1 次元リストで表します。どのマス目にどの数を割り当てるか（配列のインデックス）は任意ですが、図 8-1 の方式を使います。

0	1	2
3	4	5
6	7	8

図 8-1　三目並べのマス目に対応する 1 次元リストのインデックス

　状態を保持するのは TTTBoard クラスです。TTTBoard は、位置（1 次元リストで表す）と手番のプレイヤーという 2 つの状態要素の記録を取ります。

例 8-3　tictactoe.py 続き

```python
class TTTBoard(Board):
    def __init__(self, position: List[TTTPiece] = [TTTPiece.E] * 9, turn: TTTPiece =
        TTTPiece.X) -> None:
        self.position: List[TTTPiece] = position
        self._turn: TTTPiece = turn

    @property
    def turn(self) -> Piece:
        return self._turn
```

　デフォルトの盤面は手が指されていない空の盤面です。Board のコンストラクタのデフォルトパラメータは、X（三目並べの通常の先手）を指す位置で初期化します。_turn インスタンス変数と turn プロパティの両方がなぜ存在するのか疑問を持つ人もいるでしょう。これは、Board サブクラスすべてで次の手番が誰かわかるようにするための工夫です。Python では、抽象基底クラスでサブクラスに特定のインスタンス変数を必ず持たせるようにする明確な方法がありませんが、プロパティは必ず継承します。

　TTTBoard は変更不能データ構造を意図しています。TTTBoard を変更してはなりません。手を指すときにその手によって変更された位置を持つ新たな TTTBoard が生成されます。これは探索アルゴリズムに役立ちます。探索が枝分かれするときに、可能な手を分析している際に、不用意に盤面の駒の位置を変更してしまわないようにします。

例 8-4　tictactoe.py 続き

```python
def move(self, location: Move) -> Board:
    temp_position: List[TTTPiece] = self.position.copy()
    temp_position[location] = self._turn
    return TTTBoard(temp_position, self._turn.opposite)
```

　三目並べにおいて可能な手は空いているマス目に駒を置くことです。legal_moves
プロパティは、与えた位置の可能な手をリスト内包表記を使って生成します。

例 8-5　tictactoe.py 続き

```python
@property
def legal_moves(self) -> List[Move]:
    return [Move(l) for l in range(len(self.position)) if self.position[l] == TTTPiece.E]
```

　リスト内包表記で扱うインデックスは、位置リストの int インデックスです。（わ
ざとそうしているのですが）うまいことに Move も int 型で定義されており、legal_
moves の定義が簡潔に収まります。

　三目並べの盤面で勝敗を判定するには縦横斜めを走査する多数の方法があります。
is_win プロパティの次の実装は、and, or, == が限りなく続いているように思われる
かもしれませんが、きちんとチェックします。美しいコードではありませんが、きち
んと動作します。

例 8-6　tictactoe.py 続き

```python
@property
def is_win(self) -> bool:
    # 3 行、3 列、2 対角方向をチェック
    return self.position[0] == self.position[1] and self.position[0] == \
        self.position[2] and self.position[0] != TTTPiece.E or \
    self.position[3] == self.position[4] and self.position[3] == self.position[5] \
        and self.position[3] != TTTPiece.E or \
    self.position[6] == self.position[7] and self.position[6] == self.position[8] \
        and self.position[6] != TTTPiece.E or \
    self.position[0] == self.position[3] and self.position[0] == self.position[6] \
        and self.position[0] != TTTPiece.E or \
    self.position[1] == self.position[4] and self.position[1] == self.position[7] \
        and self.position[1] != TTTPiece.E or \
    self.position[2] == self.position[5] and self.position[2] == self.position[8] \
        and self.position[2] != TTTPiece.E or \
    self.position[0] == self.position[4] and self.position[0] == self.position[8]
```

```
                       and self.position[0] != TTTPiece.E or \
        self.position[2] == self.position[4] and self.position[2] == self.position[6]
                       and self.position[2] != TTTPiece.E
```

縦横斜めのマス目の列のどれかで、どのマス目も空でなく、すべて同じ駒ならゲームに勝ちます。

誰も勝たず可能な手が残っていなければ引き分けです。このプロパティは Board 抽象基底クラスですでに用意されています。最後に、与えられた位置を評価し、盤面をプリティプリントする方法が必要です。

例 8-7　tictactoe.py 続き

```python
    def evaluate(self, player: Piece) -> float:
        if self.is_win and self.turn == player:
            return -1
        elif self.is_win and self.turn != player:
            return 1
        else:
            return 0

    def __repr__(self) -> str:
        return f"""{self.position[0]}|{self.position[1]}|{self.position[2]}
-----
{self.position[3]}|{self.position[4]}|{self.position[5]}
-----
{self.position[6]}|{self.position[7]}|{self.position[8]}"""
```

ほとんどのゲームでは、ゲームの終了まで、誰が勝ち、誰が負けるか、どのような手が指されるかで変わっていくために、位置の評価は近似するしかありません。三目並べの場合は探索空間が狭いので、どの位置でも最後まで探索できます。よって、evaluate() メソッドでは単純にプレイヤーが勝つなら 1 を、引き分けならそれより小さい 0 を、負けならさらに小さい −1 を返します。

8.2.2　ミニマックス

ミニマックスは、三目並べ、チェッカー、チェスのような 2 プレイヤーゼロサム完全情報ゲームでの最適手を求める古典的アルゴリズムです。これは、他の種類のゲーム用に修正や拡張が行われています。ミニマックスは通常再帰的に実装され、プレイヤーは最大化プレイヤーか最小化プレイヤーになります。

　最大化プレイヤーは、利得を最大化する手を求めます。ただし、最大化プレイヤーは、最小化プレイヤーの手を考慮しなければなりません。最大化プレイヤーの利得最大化の手の後で、ミニマックスは再帰的に呼ばれて、最大化プレイヤーの利得を最小化しようとする相手（最小化プレイヤー）の手を求めます。この再帰部は、再帰関数の基底部に達するまで行き来（最大化、最小化、最大化と）し続けます。基底部は、終了位置（勝つか引き分け）または最大探索深さに達したときです。

　ミニマックスは最大化プレイヤーの開始位置の評価を返します。TTTBoard クラスの evaluate() メソッドでは、両プレイヤーの最良手が最大化プレイヤーの勝ちになれば得点1が返されます。結果が負けなら − 1、引き分けなら0が返されます。

　この数値は基底部に達した時に返されます。そこで、基底部に到達した再帰呼び出しを戻って、上まで返ります。最大化の再帰呼び出しでは、1つ下のレベルの最良評価が返り、最小化の再帰呼び出しでは、1つ下のレベルの最悪評価が返ります。このようにして決定木が作られます。**図8-2** は、2手先で終わるゲームにおける評価の返し方を説明しています。

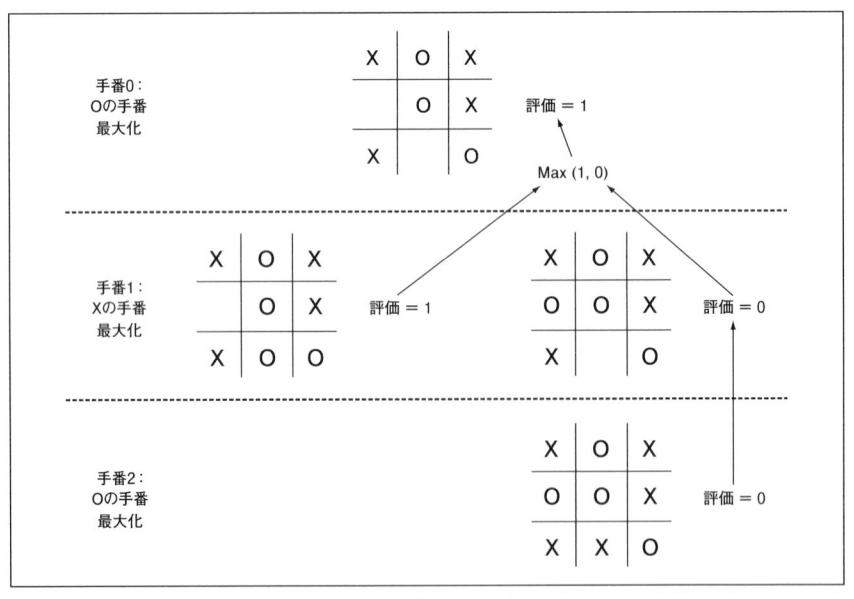

図8-2　2手先で詰む三目並べのミニマックス決定木。勝利を最大化するため先手 O は下中央に O を置く。矢印は決定する位置を示す

　探索空間で終局の位置が深すぎるゲーム（チェッカー、チェス）では、ミニマックスはある深さ（探索する手数、**読み**と呼ばれる）に達すると停止します。評価関数が呼ばれて、ヒューリスティックを使い、ゲーム状態の得点を計算します。先手に有利なゲームなら得点が与えられます。この概念については、三目並べより探索空間がはるかに大きいコネクトフォーで再度述べます。

　minimax() の全体は次のようになります。

例 8-8　minimax.py

```python
from __future__ import annotations
from board import Piece, Board, Move


# 元のプレイヤーの最良結果となる手を探す
def minimax(board: Board, maximizing: bool, original_player: Piece, max_depth: int = 8) ->
    float:
    # 基底部：停止位置または最大深さ
    if board.is_win or board.is_draw or max_depth == 0:
        return board.evaluate(original_player)

    # 再帰部：利得最大または相手の利得最小を狙う
    if maximizing:
        best_eval: float = float("-inf") # 任意の低い開始点
        for move in board.legal_moves:
            result: float = minimax(board.move(move), False,
                            original_player, max_depth - 1)
            best_eval = max(result, best_eval) # 最高評価の手が欲しい
        return best_eval
    else: # 最小化
        worst_eval: float = float("inf")
        for move in board.legal_moves:
            result = minimax(board.move(move), True, original_player, max_depth - 1)
            worst_eval = min(result, worst_eval) # 最低評価の手が欲しい
        return worst_eval
```

　再帰呼び出しのたびに、盤面位置、最大化か最小化か、この位置を評価するのは誰か（original_player）を記録する必要があります。minimax() の先頭 2 行は基底部、停止位置（勝ち、負け、引き分け）または最大深さ到達を判断します。残りは再帰部です。
　再帰部の 1 つの場合は最大化です。この状況では、評価の最高可能値をもたらす手を求めます。もう 1 つの場合は最小化で、評価が最小となる手を求めます。どちらにしろ、

再帰部と基底部が最終状態または最大深さ（基底部）に達するまで交互に現れます。

　残念ながらminimax()のこの実装は、与えられた位置の最良手を求めるのには使えません。評価（float値）を返しますが、どの初手がその評価になったのかがわかりません。

　ヘルパー関数find_best_move()を作り、その位置で可能な手の中で最高の値を与える手はどれかをループしてminimax()を呼び出しながら求めます。find_best_move()をminimax()を最大化する初手を記録する呼び出しと考えることもできます。

例 8-9　minimax.py 続き

```python
# 現在の位置で max_depth までの最良の手を探す
def find_best_move(board: Board, max_depth: int = 8) -> Move:
    best_eval: float = float("-inf")
    best_move: Move = Move(-1)
    for move in board.legal_moves:
        result: float = minimax(board.move(move), False, board.turn, max_depth)
        if result > best_eval:
            best_eval = result
            best_move = move
    return best_move
```

　三目並べのどの位置についても最良の手を求める準備ができました。

8.2.3　ミニマックスを三目並べでテスト

　三目並べは単純なゲームで、人間でも与えられた位置の最良手を見極めるのが簡単です。ですから、ユニットテストが簡単に実装できます。次のコードは、三目並べの3つの位置について、ミニマックスアルゴリズムで正しい手を求めます。1番目は簡単で、勝つための次の手を考えればよいだけです。2番目では相手をブロックして、勝たせないようにしなければなりません。最後が最も難しく、このアルゴリズムのAIは、2手先まで読まねばなりません。

例 8-10　tictactoe_tests.py

```python
import unittest
from typing import List
from minimax import find_best_move
from tictactoe import TTTPiece, TTTBoard
from board import Move
```

```python
class TTTMinimaxTestCase(unittest.TestCase):
    def test_easy_position(self):
        # 1手で勝つ
        to_win_easy_position: List[TTTPiece] = [TTTPiece.X, TTTPiece.O, TTTPiece.X,
                                                TTTPiece.X, TTTPiece.E, TTTPiece.O,
                                                TTTPiece.E, TTTPiece.E, TTTPiece.O]
        test_board1: TTTBoard = TTTBoard(to_win_easy_position, TTTPiece.X)
        answer1: Move = find_best_move(test_board1)
        self.assertEqual(answer1, 6)

    def test_block_position(self):
        #  Oの勝利を阻まないといけない
        to_block_position: List[TTTPiece] = [TTTPiece.X, TTTPiece.E, TTTPiece.E,
                                             TTTPiece.E, TTTPiece.E, TTTPiece.O,
                                             TTTPiece.E, TTTPiece.X, TTTPiece.O]
        test_board2: TTTBoard = TTTBoard(to_block_position, TTTPiece.X)
        answer2: Move = find_best_move(test_board2)
        self.assertEqual(answer2, 2)

    def test_hard_position(self):
        # 2手で勝つ最良手を探す
        to_win_hard_position: List[TTTPiece] = [TTTPiece.X, TTTPiece.E, TTTPiece.E,
                                                TTTPiece.E, TTTPiece.E, TTTPiece.O,
                                                TTTPiece.O, TTTPiece.X, TTTPiece.E]
        test_board3: TTTBoard = TTTBoard(to_win_hard_position, TTTPiece.X)
        answer3: Move = find_best_move(test_board3)
        self.assertEqual(answer3, 1)


if __name__ == '__main__':
    unittest.main()
```

tictactoe_tests.py を実行すれば3つのテストすべてにパスするはずです。

ミニマックスを実装するコード量は多くありません。三目並べ以外の多くのゲーム
に使うことができます。ミニマックスを他のゲームに実装するつもりなら、Board
クラスのようにミニマックスに整合するデータ構造を作ることが成功につながりま
す。ミニマックスを学んだ学生が犯すよくある間違いは、ミニマックスの再帰呼び
出しで変更可能なデータ構造を使い、さらに追加呼び出しをしたときに、元の状態
に戻れなくなってしまうことです。

8.2.4　三目並べ AI の開発

　全要素が揃ったので、次のステップに移りましょう。三目並べをするコンピュータの対戦者 AI を作るのも簡単です。AI はテスト位置を評価する代わりに、相手の手に対して次の位置を評価します。次の短いコードで三目並べ AI が人間の先手に対応する手を返します。

例 8-11　tictactoe_ai.py

```python
from minimax import find_best_move
from tictactoe import TTTBoard
from board import Move, Board

board: Board = TTTBoard()


def get_player_move() -> Move:
    player_move: Move = Move(-1)
    while player_move not in board.legal_moves:
        play: int = int(input("Enter a legal square (0-8):"))
        player_move = Move(play)
    return player_move


if __name__ == "__main__":
    # ゲームの主ループ
    while True:
        human_move: Move = get_player_move()
        board = board.move(human_move)
        if board.is_win:
            print("Human wins!")
            break
        elif board.is_draw:
            print("Draw!")
            break
        computer_move: Move = find_best_move(board)
        print(f"Computer move is {computer_move}")
        board = board.move(computer_move)
        print(board)
        if board.is_win:
            print("Computer wins!")
            break
        elif board.is_draw:
```

```
print("Draw!")
break
```

find_best_move() のデフォルトの max_depth が 8 なので、この三目並べ AI はゲームの最後まで常に調べます（三目並べの最長手数は 9。AI はすぐ到達）。よって、常に完全ゲームをします。完全ゲームとは両方のプレイヤーが常に可能な手の中で最善の手を指すものです。三目並べの完全ゲームの結果は引き分けです。よって、三目並べ AI には勝てないはずです。最良の手を指せば引き分けです。間違うと AI が勝ちます。自分でやってみてください。勝てないはずです。

8.3 コネクトフォー[†] ［問題30 コネクトフォー］

コネクトフォーでは、6 行 7 列のマス目に 2 人のプレイヤーが色の異なる駒を交互に置いていきます。駒はマス目の上から下へ底または別の駒にぶつかるまで進むことができます。プレイヤーは自分の手番で、7 列のいずれかのマス目に駒を置くかを決めます。列がいっぱいになったら駒は置けません。4 個の駒を縦横斜めのいずれかで最初に並べたプレイヤーが勝ちます。どのプレイヤーも 4 個並べられず、マス目がいっぱいになったら引き分けです。

8.3.1 コネクトフォーゲームのメカニズム

コネクトフォーは、多くの点で三目並べに似ています。どちらも格子状のマス目を使い、プレイヤーは駒を並べたら勝ちです。しかし、コネクトフォーの盤面の方が大きいので、勝つ方法も多数あり、位置の評価ははるかに複雑です。

次のコードの一部にはなじみがあるでしょうが、データ構造と評価メソッドは三目並べとまったく異なっています。しかし、両ゲームとも本章冒頭で定義した同じ基底クラス Piece と Board のサブクラスとして実装されており、両方のゲームで minimax() が使えます。

例 8-12 connectfour.py

```
from __future__ import annotations
from typing import List, Optional, Tuple
from enum import Enum
```

---

† 　原注：Connect Four は Hasbro の登録商標

```
from board import Piece, Board, Move


class C4Piece(Piece, Enum):
    B = "B"
    R = "R"
    E = " " # 空を表す

    @property
    def opposite(self) -> C4Piece:
        if self == C4Piece.B:
            return C4Piece.R
        elif self == C4Piece.R:
            return C4Piece.B
        else:
            return C4Piece.E

    def __str__(self) -> str:
        return self.value
```

C4Piece クラスは TTTPiece クラスとほとんど同じです。

次に、コネクトフォーのマス目で勝てるセグメントを生成する関数を定義します。

例 8-13　connectfour.py 続き

```
def generate_segments(num_columns: int, num_rows: int, segment_length: int) ->
List[List[Tuple[int, int]]]:
    segments: List[List[Tuple[int, int]]] = []
    # 鉛直方向のセグメント作成
    for c in range(num_columns):
        for r in range(num_rows - segment_length + 1):
            segment: List[Tuple[int, int]] = []
            for t in range(segment_length):
                segment.append((c, r + t))
            segments.append(segment)

    # 水平方向のセグメント作成
    for c in range(num_columns - segment_length + 1):
        for r in range(num_rows):
            segment = []
            for t in range(segment_length):
                segment.append((c + t, r))
            segments.append(segment)
```

```
# 左下から右上への対角方向セグメント作成
for c in range(num_columns - segment_length + 1):
    for r in range(num_rows - segment_length + 1):
        segment = []
        for t in range(segment_length):
            segment.append((c + t, r + t))
        segments.append(segment)

# 左上から右下への対角方向セグメント作成
for c in range(num_columns - segment_length + 1):
    for r in range(segment_length - 1, num_rows):
        segment = []
        for t in range(segment_length):
            segment.append((c + t, r - t))
        segments.append(segment)
return segments
```

　この関数はマス目の位置（列と行のタプル）のリストのリストを返します。リストのリストには4つのマス目の位置があります。4つのマス目位置のリストを**セグメント**と呼びます。

　盤面上のセグメントのいずれかが同じ色なら、その色の勝ちです。盤面上の全セグメントを迅速に調べることができれば、ゲームが終わった（どちらかが勝った）かを調べるのにも、位置を評価するのにも使えます。よって、与えられたサイズの盤面でC4BoardクラスのSEGMENTSクラス変数としてセグメントをキャッシュしておきます。

例 8-14　connectfour.py 続き

```
class C4Board(Board):
    NUM_ROWS: int = 6
    NUM_COLUMNS: int = 7
    SEGMENT_LENGTH: int = 4
    SEGMENTS: List[List[Tuple[int, int]]] = generate_segments(NUM_COLUMNS, NUM_ROWS,
SEGMENT_LENGTH)
```

　C4Boardクラスには内部クラスColumnがあります。マス目の表現を三目並べのように1次元のリストにしても、2次元のリストにしてもどちらでも良いので、厳密に言えばColumnクラスは必要ありません。しかも、Columnクラスを使うと性能が若干悪くなります。しかし、コネクトフォーの盤面を7つのColumnの集まりと考えるのは、強力な概念であり、C4Boardクラスのプログラムを書くことが容易になります。

例 8-15　connectfour.py 続き

```python
    class Column:
        def __init__(self) -> None:
            self._container: List[C4Piece] = []

        @property
        def full(self) -> bool:
            return len(self._container) == C4Board.NUM_ROWS

        def push(self, item: C4Piece) -> None:
            if self.full:
                raise OverflowError("Trying to push piece to full column")
            self._container.append(item)

        def __getitem__(self, index: int) -> C4Piece:
            if index > len(self._container) - 1:
                return C4Piece.E
            return self._container[index]

        def __repr__(self) -> str:
            return repr(self._container)

        def copy(self) -> C4Board.Column:
            temp: C4Board.Column = C4Board.Column()
            temp._container = self._container.copy()
            return temp
```

　Column クラスは実は 1 章で使った Stack クラスとよく似ています。概念的には、プレイ中にはコネクトフォーの Column は駒を push されても pop されないので、これは納得できます。ただし、スタックとは異なり、コネクトフォーの列には 6 個の要素しか入らないという制限があります。さらに興味深いのは、Column インスタンスにインデックスを付ける特殊メソッド __getitem__() です。これによって、列のリストが 2 次元のリストのように扱えます。_container である行に要素がない場合でも __getitem__() が空の駒を返すことに注意してください。

　次に示す 4 つのメソッドは、三目並べとほぼ同じです。

例 8-16　connectfour.py 続き

```python
def __init__(self, position: Optional[List[C4Board.Column]] = None, turn: C4Piece =
    C4Piece.B) -> None:
    if position is None:
```

```
        self.position: List[C4Board.Column] = [C4Board.Column() for _ in
            range(C4Board.NUM_COLUMNS)]
    else:
        self.position = position
    self._turn: C4Piece = turn

@property
def turn(self) -> Piece:
    return self._turn

def move(self, location: Move) -> Board:
    temp_position: List[C4Board.Column] = self.position.copy()
    for c in range(C4Board.NUM_COLUMNS):
        temp_position[c] = self.position[c].copy()
    temp_position[location].push(self._turn)
    return C4Board(temp_position, self._turn.opposite)

@property
def legal_moves(self) -> List[Move]:
    return [Move(c) for c in range(C4Board.NUM_COLUMNS) if not self.position[c].full]
```

次のヘルパーメソッド _count_segment() は、あるセグメントの黒と赤の駒の個数
を数えます。その次の is_win() は、_count_segment() を使って同じ色のがないか盤
面上の全セグメントを調べて勝負を判定します。

例 8-17　connectfour.py 続き

```
# セグメント中の赤と黒の駒の個数を返す
def _count_segment(self, segment: List[Tuple[int, int]]) -> Tuple[int, int]:
    black_count: int = 0
    red_count: int = 0
    for column, row in segment:
        if self.position[column][row] == C4Piece.B:
            black_count += 1
        elif self.position[column][row] == C4Piece.R:
            red_count += 1
    return black_count, red_count

@property
def is_win(self) -> bool:
    for segment in C4Board.SEGMENTS:
        black_count, red_count = self._count_segment(segment)
        if black_count == 4 or red_count == 4:
            return True
    return False
```

　TTTBoardと同様、C4Boardも抽象基底クラスBoardのis_drawプロパティをそのまま使います。

　最後に、位置評価ですが、そのセグメントすべてを1つずつ評価して、評価値の総和を結果として返します。赤と黒の駒両方があるセグメントは無価値です。同色の駒2つと空き2つのセグメントは得点1です。同色の駒が3個のセグメントは得点100です。同色の駒が4つ（勝ち）のセグメントの得点は1,000,000です。セグメントが相手の色なら得点の符号を反転します。この方式でセグメントを評価するヘルパーメソッドが_evaluate_segment()です。_evaluate_segment()を使い全セグメントの複合得点をevaluate()が出力します。

例8-18 connectfour.py 続き

```python
def _evaluate_segment(self, segment: List[Tuple[int, int]], player: Piece) -> float:
    black_count, red_count = self._count_segment(segment)
    if red_count > 0 and black_count > 0:
        return 0 # 両方の色があるセグメントは中立
    count: int = max(red_count, black_count)
    score: float = 0
    if count == 2:
        score = 1
    elif count == 3:
        score = 100
    elif count == 4:
        score = 1000000
    color: C4Piece = C4Piece.B
    if red_count > black_count:
        color = C4Piece.R
    if color != player:
        return -score
    return score

def evaluate(self, player: Piece) -> float:
    total: float = 0
    for segment in C4Board.SEGMENTS:
        total += self._evaluate_segment(segment, player)
    return total

def __repr__(self) -> str:
    display: str = ""
    for r in reversed(range(C4Board.NUM_ROWS)):
        display += "|"
```

```
        for c in range(C4Board.NUM_COLUMNS):
            display += f"{self.position[c][r]}" + "|"
        display += "\n"
    return display
```

8.3.2 コネクトフォー AI

　驚くべきことに、三目並べで作った関数 minimax() と find_best_move() が変更なしにコネクトフォーの実装でも使えます。次のコードは三目並べ AI をわずかに変更しただけです。大きな違いは max_depth が3になっていることです。これによって、手をコンピュータが考える時間が妥当なものになります。言い換えると、コネクトフォー AI は3手先まで読んで位置を評価します。

例 8-19　connectfour_ai.py

```
from minimax import find_best_move
from connectfour import C4Board
from board import Move, Board

board: Board = C4Board()


def get_player_move() -> Move:
    player_move: Move = Move(-1)
    while player_move not in board.legal_moves:
        play: int = int(input("Enter a legal column (0-6):"))
        player_move = Move(play)
    return player_move


if __name__ == "__main__":
    # ゲームの主ループ
    while True:
        human_move: Move = get_player_move()
        board = board.move(human_move)
        if board.is_win:
            print("Human wins!")
            break
        elif board.is_draw:
            print("Draw!")
            break
        computer_move: Move = find_best_move(board, 5)
```

```
print(f"Computer move is {computer_move}")
board = board.move(computer_move)
print(board)
if board.is_win:
    print("Computer wins!")
    break
elif board.is_draw:
    print("Draw!")
    break
```

コネクトフォー AI とプレイしてみてください。三目並べ AI と異なり指すのに数秒かかります。よく考えてプレイしないとおそらく負けてしまいます。少なくとも明らかな間違いはしません。探索の深さを増やせば上達しますが、それだとコンピュータが手を考える時間が指数関数的に増えてしまいます。

> コネクトフォーがコンピュータサイエンティストによって解かれていたことを知っていたでしょうか[†]。ゲームの解とはどの位置についても最良の手がわかるという意味です。コネクトフォーの最良の初手は中央の列です。

8.3.3 アルファベータ法でミニマックスを改善
[問題31 アルファベータ法]

ミニマックスで問題ないのですが、非常に深い探索はできません。探索済みの位置の改善につながらない枝を刈り込む、**アルファベータ法**で探索の深さを改善できます。この技法では再帰的ミニマックス呼び出しのアルファとベータという2つの値を記録します。アルファは、探索木のこの位置までの手で最良の最大化、ベータは相手の手で最良の最小化の手です。ベータがアルファ以下なら探索木の木の枝をこれ以上探索する価値がありません。それ以上の手は見つからないからです。このヒューリスティックによって探索空間が大幅に縮小します。

次にこの alphabeta() を示します。minimax.py ファイルに含まれています。

例 8-20　minimax.py 続き

```
def alphabeta(board: Board, maximizing: bool, original_player: Piece, max_depth: int = 8,
    alpha: float = float("-inf"), beta: float = float("inf")) -> float:
```

[†]　訳注：https://en.wikipedia.org/wiki/Connect_Four#Mathematical_solution 参照

```
# 基底部：停止位置または最大深さ
if board.is_win or board.is_draw or max_depth == 0:
    return board.evaluate(original_player)

# 再帰部：利得最大または相手の利得最小
if maximizing:
    for move in board.legal_moves:
        result: float = alphabeta(board.move(move), False, original_player, max_depth -
                1, alpha, beta)
        alpha = max(result, alpha)
        if beta <= alpha:
            break
    return alpha
else:  # 最小化
    for move in board.legal_moves:
        result = alphabeta(board.move(move), True, original_player, max_depth - 1,
                alpha, beta)
        beta = min(result, beta)
        if beta <= alpha:
            break
    return beta
```

この新たな関数を使って少し変更を加えます。minimax.py の find_best_move() で、minimax() の代わりに alphabeta() を使います。connectfour_ai.py の探索深さを3から5に変更します。この変更によって、平均的なコネクトフォープレイヤーがコネクトフォー AI に勝てなくなります。私のコンピュータでは、コネクトフォー AI は minimax() を使うと深さ5で1手に3分かかったのが、alphabeta() を使うと30秒で済みます。時間が6分の1です。これは大きな改善です。

8.4　アルファベータ法の先のミニマックスの改善

　本章で述べたアルゴリズムについては、すでに十分な研究がなされ、多数の改善法がわかっています。改善法の一部は、チェスの「ビットボード」のようにゲーム固有の方式で手を生成する時間を短縮しますが、多くはどのようなゲームにも使える汎用的な技法です。

　よく使われるのが反復深化法です。反復深化法では、最初に最大深さ1で探索関数を実行し、次に深さ2で実行します。さらに、深さ3で実行するというように続けます。指定した時間制限に達すると探索を止めます。最後の深さでの結果が返されます。

　本章の例では、深さがコードに埋め込まれていました。ゲームクロックや制限時間がなければ、あるいはいくら時間をかけても構わないなら、これでも OK です。反復深化法は、AI がある一定の深さまでの探索を完了まで時間可変で行う代わりに、固定時間内で次の手を求められるようにします。

　別の改善法としては、静止探索 (quiescence search) があります。これは、ミニマックス探索で探索経路を比較的平穏なものよりも、(チェスで言えば駒取りのような)変更度の大きい経路で行うものです。探索が大きな利得をもたらしそうにない退屈な位置で無駄な時間を費やさないようにします。

　もちろん、割り当てられた時間内でより深く探索するのと位置評価の関数を改善するのがミニマックス探索の 2 つの最良改善手段です。コードの性能を上げたり、より高速なハードウェアを使っても改善できますが、位置の評価の改善が効果的です。位置評価のパラメータやヒューリスティックを増やすと時間が余分にかかりますが、最終的には探索深さが浅くて済む、より良いエンジンを使うと良い手が見つかります。

　チェスのアルファベータ・ミニマックス探索に使われる評価関数のヒューリスティックは何十もあります。これらのヒューリスティックの調整には遺伝的アルゴリズムが使われます。チェスでは何個ナイトを捕らえるのが良いでしょうか。ナイトはビショップと同じ価値があるでしょうか。これらのヒューリスティックが、普通のチェスエンジンと特別なチェスエンジンとを分ける秘密かもしれません。

8.5　実世界での応用

　ミニマックスは、アルファベータ法のような拡張と組み合わされてほとんどのチェスエンジンの基盤になっています。広範囲の戦略ゲームに適用されて多大の成功を収めてきました。実際、コンピュータで遊べるボードゲームのほとんどで、コンピュータの手は何らかのミニマックスを使っています。

　ミニマックス（アルファベータ拡張も含めて）はチェスで効果があり、有名な 1997 年の IBM によるコンピュータチェス Deep Blue が人間の世界チャンピオン Gary Kasparov を破ったときにも使われていました。この試合は興奮を巻き起こし、その後の流れを変えました。チェスは、それまで知的能力の最難関とされていました。コンピュータがチェスで人間に勝ったことは、一部の人には、人工知能を真剣に考えないといけないことを意味しました。

　20 年後の今も、チェスエンジンの大半がまだミニマックスに基づいています。今

目のミニマックスチェスエンジンは世界で一番の人間のプレイヤーをはるかに凌駕しています。新たな機械学習技法が（拡張付き）純ミニマックスチェスエンジンへの挑戦を開始していますが、チェスで決定的に優位になるかどうかはまだこれからです。

ゲームの分岐度が高ければ高いほどミニマックスの効果は低下します。分岐度はゲームの手の平均個数です。囲碁では最近コンピュータが強くなりましたが、これは機械学習など他の領域の進歩によるものです。機械学習に基づいた囲碁の AI が最近人間の一番強い囲碁棋士に勝ちました。囲碁の分岐度（よって探索空間）はとても大きく、将来の位置を含んだ木を生成するミニマックス基盤アルゴリズムでは手に負えません。しかし、囲碁は典型例というよりは例外でしょう。（チェッカー、チェス、コネクトフォー、スクラブルなどの）伝統的なボードゲームのほとんどはミニマックス基盤技法でうまくいく程度の十分小さい探索空間を持ちます。

ボードゲームの新たなコンピュータプレイヤー、あるいは、交代で指すコンピュータ指向ゲームの AI を実装するなら、ミニマックスが最初に使うアルゴリズムでしょう。ミニマックスは、経済や政治のシミュレーションやゲーム理論の実験にも使われます。アルファベータ法はどのようなミニマックスでも使えます。

8.6 練習問題

1. 三目並べでプロパティ `legal_moves`, `is_win` と `is_draw` が正しく実行されることを確認するユニットテストを追加しなさい。
2. コネクトフォーでミニマックスのユニットテストを追加しなさい。
3. `tictactoe_ai.py` と `connectfour_ai.py` のコードはほとんど同じです。両方のゲームに使えるメソッド 2 つにリファクタリングしなさい。
4. `connectfour_ai.py` を変更して、コンピュータが自分自身と対戦するようにしなさい。先手と後手のどちらが勝ちますか。何度やっても同じ手が勝ちますか。
5. （既存のコードをプロファイリングするなどして）`connectfour.py` の評価メソッドを最適化し、同じ時間内により深く探索できるようにしなさい。
6. 本章で開発した `alphabeta()` 関数を Python ライブラリと一緒に使って、チェス AI を開発するためのチェスの手生成とチェスのゲーム状態管理を行いなさい。

9章
その他さまざまな問題

　本書では、モダンなソフトウェア開発業務に関わる多数の問題解決技法を紹介してきました。各技法を学ぶために、有名なコンピュータサイエンス問題に取り組みました。しかし、すべての有名な問題が8章までの枠組みに合致したわけではありません。本章では、これまでのどの章でも取り扱うことのできなかった有名な問題を集めました。これらの問題はおまけだと考えてよいでしょう。興味深い問題なのですが、取り組む足場をこれまで用意できなかったというわけです。

9.1　ナップサック問題　［問題32　ナップサック問題］

　ナップサック問題は最適化問題の一種で、有限個の選択肢がある集合に対して限られた資源の最適利用を求めるというコンピュータ関係ではよく登場する課題です。一捻りしたお話に仕立てると次のようになります。泥棒がある家に忍び込みました。ナップサックを持ってきていて、そこに入るだけのものを盗むつもりです。何を盗んでナップサックに入れるかをどう決めるのでしょうか。問題を図 9-1 で説明します。

　泥棒がどれでもどのようにしても盗めるなら、品物の値段を重さで割り、最も高いものから容量いっぱいまで盗れば良いのですが、実際に近いシナリオでは、品物を（2.5ポンド分のテレビのように）半分にはできません。品物を全部かあるいはあきらめるかという別のルールを適用するので、問題の「0/1版」（値が0か1か）を解くことになります。

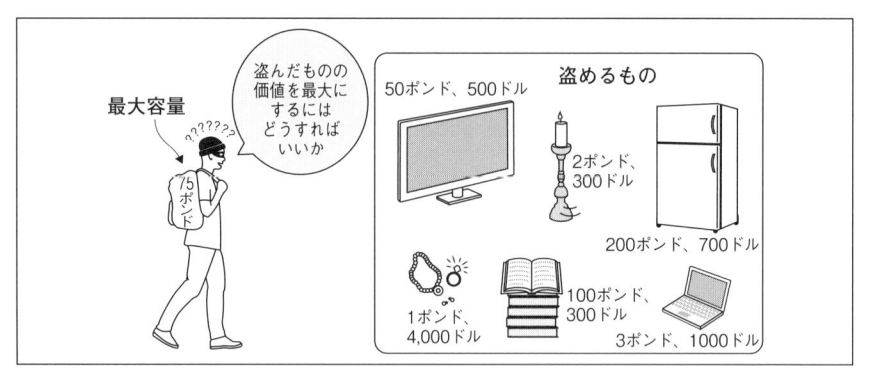

図 9-1　ナップサックの容量が限られているので泥棒は盗むものを注意して選ばないといけない

　まず、品物を保持する NamedTuple を定義します。

例 9-1　knapsack.py

```
from typing import NamedTuple, List


class Item(NamedTuple):
    name: str
    weight: int
    value: float
```

　力任せでこの問題を解くなら、ナップサックに入れることのできる品物のあらゆる組み合わせを調べることになります。数学的には**べき集合**です。集合（この場合は品物の集合）のべき集合とは、N を品物の個数として、2^N 個のすべての異なる部分集合です。つまり、2^N 個の組み合わせを分析します（$O(2^N)$）。これは品物の個数が少なければよいのですが、多くなると手に負えません。指数ステップを使って問題を解くようなことは避けたいものです。

　代わりに**動的計画法**という技法を使います。これは概念的には**メモ化**（1 章）に似ています。問題を力任せで解こうとしないで、大きなプログラムを部分問題に分割し、それらの結果を格納し、格納した結果を使って大きな問題を解きます。ナップサックの容量が離散的なら、問題は動的計画法で解くことができます。

　例えば、3 ポンドの容量と 3 つの品物の場合は、1 ポンド容量と 1 つの品物、2 ポンド容量と 1 つの品物、3 ポンド容量と 1 つの品物という問題を解きます。そして、

その結果を用いて1ポンド容量と2つの品物、2ポンド容量と2つの品物、3ポンド容量と3つの品物の問題を解きます。最後に、3つの品物の問題を解きます。

問題を解くときに、品物と容量の最良の組み合わせをテーブルの中に書き込んでいきます。knapsack() 関数はまずテーブルをすべて埋めてから、このテーブルに基づいて解を求めます[†]。

例9-2　knapsack.py 続き

```python
def knapsack(items: List[Item], max_capacity: int) -> List[Item]:
    # 動的計画法のテーブルを作成
    table: List[List[float]] = [[0.0 for _ in range(max_capacity + 1)] for _ in
        range(len(items) + 1)]
    for i, item in enumerate(items):
        for capacity in range(1, max_capacity + 1):
            previous_items_value: float = table[i][capacity]
            if capacity >= item.weight: # 品物がナップサックに入る
                value_freeing_weight_for_item: float = table[i][capacity - item.weight]
                # 以前のより価値が高いなら取り入れる
                table[i + 1][capacity] = max(value_freeing_weight_for_item + item.value,
                    previous_items_value)
            else: # 入れる余裕がない
                table[i + 1][capacity] = previous_items_value
    # テーブルから解を得る
    solution: List[Item] = []
    capacity = max_capacity
    for i in range(len(items), 0, -1): # 後ろ向きに作業
        # 品物を入れたか？
        if table[i - 1][capacity] != table[i][capacity]:
            solution.append(items[i - 1])
            # 品物が入ったなら重さを差し引く
            capacity -= items[i - 1].weight
    return solution
```

この関数の前半の内部ループは$N \times C$回実行されます。Nは要素数、Cはナップサックの最大容量です。よって、このアルゴリズムは$O(N \times C)$時間で多数個の要素では

[†]　原注：この解を書くために複数の文献を調べた。Robert Sedgewick の『Algorithms, 2nd Edition』（Addison-Wesley、1988）の596ページ（日本語版『アルゴリズム』〔原書第2版〕第3巻——グラフ・数理・トピックス、近代科学社、1993年（絶版）の208ページ）の記述が最も良い。（コード例を集めた）Rosetta Codeにある0/1ナップサック問題の解答例もいくつか調べた。特にPython動的計画法の例（http://mng.bz/kx8C）を参考にしたが、本書はSwift版『Classic Computer Science Problems in Swift』（Manning、2018）の該当箇所を引き写している（PythonからSwift、再度Pythonとなった）。

力任せ方式よりも計算時間が大幅に改善されています。例えば、要素が 11 個の場合、力任せは 2^{11}、すなわち 2,048 の組み合わせを調べる必要があります。動的計画法なら、ナップサックの最大容量が 75 なので 11×75 で 825 回です。要素の個数が増えるにつれて差は指数関数的に増えます。解を見ましょう。

例 9-3　knapsack.py 続き

```python
if __name__ == "__main__":
    items: List[Item] = [Item("television", 50, 500),
                         Item("candlesticks", 2, 300),
                         Item("stereo", 35, 400),
                         Item("laptop", 3, 1000),
                         Item("food", 15, 50),
                         Item("clothing", 20, 800),
                         Item("jewelry", 1, 4000),
                         Item("books", 100, 300),
                         Item("printer", 18, 30),
                         Item("refrigerator", 200, 700),
                         Item("painting", 10, 1000)]
    print(knapsack(items, 75))
```

　出力された結果を調べると、この場合の最適解が絵、宝石、衣類、ノート PC、ステレオ、燭台だとわかります。次の出力例は、ナップサックの限られた容量で最高の価値になる品物を示します。

```
[Item(name='painting', weight=10, value=1000), Item(name='jewelry', weight=1,
value=4000), Item(name='clothing', weight=20, value=800), Item(name='laptop',
weight=3, value=1000), Item(name='stereo', weight=35, value=400),
Item(name='candlesticks', weight=2, value=300)]
```

　これがどのようにしてできたかを理解するために、関数の内部を見ていきます。

```python
    for i, item in enumerate(items):
        for capacity in range(1, max_capacity + 1):
```

　可能な要素数に対して、容量を線形にナップサックの最大容量までループして調べます。各要素ではなく「可能な要素数それぞれ」であることに注意します。i が 2 であるとは、要素 2 の意味ではありません。最初の 2 つの要素の可能な組み合わせをすべての容量について調べます。item は盗みたい品物です。

```
previous_items_value: float = table[i][capacity]
if capacity >= item.weight: # 品物がナップサックに入る
```

previous_items_value は現在の capacity での直前の品物の組み合わせです。要素の組み合わせそれぞれについて、この「新しい」要素を追加して大丈夫か調べます。

要素の重量がナップサック容量を超えれば、その容量で直前に検討した要素の組み合わせをコピーします。

```
else: # 入れる余裕がない
    table[i + 1][capacity] = previous_items_value
```

そうでないと、「新しい」要素を加えて検討している容量での以前の組み合わせより価値が高くなるかどうか調べます。これは、要素の価値をテーブルですでに計算した前の要素の組み合わせの価値に追加し、容量は要素の重量を現在の容量から差し引いて行います。値が現在の容量での直前の要素の組み合わせより大きいなら、挿入しますし、そうでなければ、前の値を挿入します。

```
value_freeing_weight_for_item: float = table[i][capacity - item.weight]
# 以前のものより価値が高いなら取り入れる
table[i + 1][capacity] = max(value_freeing_weight_for_item + item.value,
    previous_items_value)
```

これでテーブルの構築が終わりです。解にどの要素が含まれているか実際にチェックするには、最高の容量と最後の要素の組み合わせから戻って調べる必要があります。

```
for i in range(len(items), 0, -1): # 後ろ向きに作業
    # 品物を入れたか？
    if table[i - 1][capacity] != table[i][capacity]:
```

末尾からテーブルを右から左へ、テーブルに挿入された値が変化しているかチェックします。変更は新たな要素の追加を意味します。可能な組み合わせが前より価値が高いからです。よって、要素を解に加えたのです。容量は要素の重量分減らされましたが、これはテーブルの上に進んだと考えられます。

```
solution.append(items[i - 1])
# 品物が入ったなら重さを差し引く
capacity -= items[i - 1].weight
```

 テーブルの走査と解の探索の両方のイテレーションでテーブルのサイズに1を足していたことに気付いたかもしれません。これはプログラミングの便宜上行ったことです。問題がボトムからどう組み上がるか考えること。問題開始時はゼロ容量のナップサックを扱います。テーブルのボトムから自分で作業すれば、追加の行と列がなぜ必要か明らかになります。

まだはっきりしないでしょうか。**表 9-1** は knapsack() 関数が構築するテーブルです。この問題ではテーブルがかなり大きくなるので、代わりに、3ポンド容量で3要素、すなわちマッチ（1ポンド）、フラッシュライト（2ポンド）、本（1ポンド）を考えます。価値がそれぞれ5ドル、10ドル、15ドルだとします。

表 9-1　3要素のナップサック問題の例

	0 ポンド	1 ポンド	2 ポンド	3 ポンド
マッチ（1ポンド、5ドル）	0	5	5	5
フラッシュライト（2ポンド、10ドル）	0	5	10	15
本（1ポンド、15ドル）	0	15	20	25

　テーブルを左から右へと見ていくと、重量が増えています（ナップサックに詰め込んだから）。テーブルを上から下に見ていくと、要素数が増えています。第1行では、マッチが入るかだけ調べています。第2行ではマッチとフラッシュライトの組み合わせのうち、ナップサックに入る、最も価値が高いものを入れます。第3行では全3要素の組み合わせのうち、ナップサックに入る、最も価値の高い組み合わせを入れます。

　理解ができたか練習問題として、空のテーブルに knapsack() 関数で示したアルゴリズムを使い、同じ3要素で埋めていってください。そして、関数の末尾のアルゴリズムを使ってテーブルから正しい要素を読み戻してください。このテーブルは関数の table 変数に対応します。

9.2　巡回セールスマン問題　[問題33　巡回セールスマン問題]

　巡回セールスマン問題は、最も古典的でよく話題に上がるコンピュータ問題の1つです。セールスマンが地図上の町すべてを1回だけ訪問して、出発した町に戻ってきます。どの町にも他の町に直接行くことができ、巡回する町の順序は問いません。最短経路はどうなるでしょうか。

　この問題は、町を節点、町の間の経路を辺としたグラフ問題（4章）と考えられます。最初の直感は4章で述べた最小被覆木を求めることかもしれません。残念ながら、

巡回セールスマン問題はそう簡単ではありません。最小被覆木はすべての町をつなぐ最短の方法ですが、すべての町を一度だけ訪問する最短経路ではありません。

問題は極めて簡単なのに、任意個の町について迅速に解決するアルゴリズムはありません。「迅速に」とはどういう意味でしょうか。この問題は **NP 困難**だという意味です。NP 困難（非決定的多項式困難）問題には多項式時間アルゴリズム（入力サイズの多項式時間で解ける）が存在しません。セールスマンが巡回する町の数が増えると、問題を解く困難さが急激に増大します。町が 20 だと 10 のときよりはるかに解くのが難しくなります。（現時点の知識では）妥当な時間で数百万の町を訪問する問題を完全に（最適に）解くことは不可能です。

 巡回セールスマン問題への素朴な方式は $O(n!)$。理由は 9.2.2 で説明します。9.2.2 を読む前に 9.2.1 を読んだ方がよいでしょう。素朴な解法の実装で計算量のことが明らかになるからです。

9.2.1　素朴な方式

この問題を解く素朴な方式は町のあらゆる組み合わせを試すというものです。素朴な方式を試すことで問題の難しさと、力任せでは大規模の問題が解けないことがわかります。

サンプルデータ

この例題では、セールスマンがバーモント州の主要 5 都市を訪問します。開始（よって終了）する都市を指定しません。**図 9-2** は、5 都市とその間の運転距離を示します。どの都市の間にも経路の距離が示されていることに注意します。

表形式の運転距離は見たことがあるでしょう。運転距離表では、2 都市間の距離が一目瞭然です。**表 9-2** は 5 都市間の運転距離を示します。

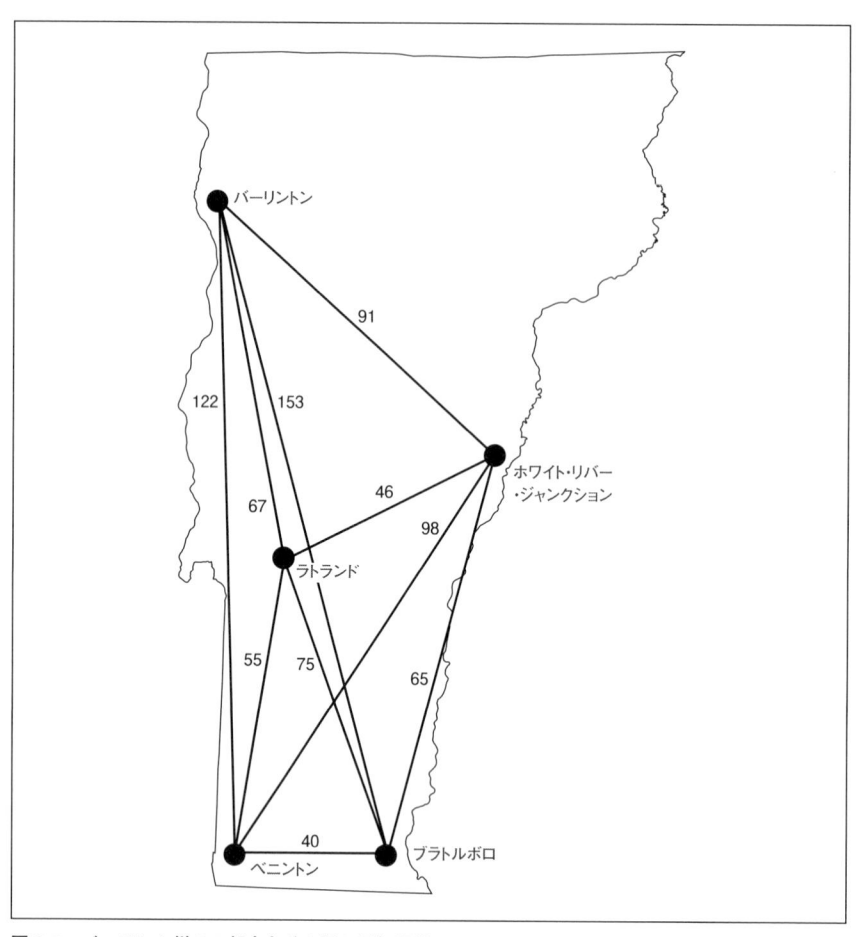

図 9-2　バーモント州の 5 都市とその間の運転距離

表 9-2　バーモント州の 5 都市間の運転距離

	Rutland	Burlington	White River Junction	Bennington	Brattleboro
Rutland	0	67	46	55	75
Burlington	67	0	91	122	153
White River Junction	46	91	0	98	65
Bennington	55	122	98	0	40
Brattleboro	75	153	65	40	0

　例題の都市とその間の距離の両方をコードにする必要があります。都市間の距離を簡単に取り出せるよう、辞書の辞書を使います。外側のキーが都市対の 1 番目を、内側のキーが対の 2 番目を表します。型が Dict[str, Dict[str, int]] で、vt_distances["Rutland"]["Burlington"] のようにして取り出せる値は 67 です。

例 9-4　tsp.py

```python
from typing import Dict, List, Iterable, Tuple
from itertools import permutations

vt_distances: Dict[str, Dict[str, int]] = {
    "Rutland":
        {"Burlington": 67,
         "White River Junction": 46,
         "Bennington": 55,
         "Brattleboro": 75},
    "Burlington":
        {"Rutland": 67,
         "White River Junction": 91,
         "Bennington": 122,
         "Brattleboro": 153},
    "White River Junction":
        {"Rutland": 46,
         "Burlington": 91,
         "Bennington": 98,
         "Brattleboro": 65},
    "Bennington":
        {"Rutland": 55,
         "Burlington": 122,
         "White River Junction": 98,
         "Brattleboro": 40},
    "Brattleboro":
        {"Rutland": 75,
         "Burlington": 153,
         "White River Junction": 65,
         "Bennington": 40}
}
```

すべての順列を求める

　巡回セールスマン問題を解く素朴方式は都市の可能な巡回すべてを求める必要があります。巡回生成アルゴリズムは多数ありますが、単純なので自分用に作ると間違い

がありません。

よく使うのがバックトラックです。制約充足問題を解くという文脈でバックトラックを扱いました。制約充足問題では、部分解が問題の制約を満たさないときにバックトラックを使いました。そのような場合に、前の状態に戻して、間違った部分解に至った経路とは別の経路で探索を続けられるようにします。

リスト要素（都市）の全順列を求めるにもバックトラックが使えます。要素を入れ替えて順列生成の手順を踏んだ後、バックトラックして入れ替えの前の状態に戻り、別の要素を入れ替えて、別の順列を生成します。

Python の標準ライブラリの itertools モジュールに permutations() 関数があるので、順列生成アルゴリズムを作る必要はありません。次のコードでは、巡回セールスマンが訪問するバーモント州の 5 都市の全順列を生成します。全個数は 5!、すなわち 120 です。

例 9-5　tsp.py 続き

```
vt_cities: Iterable[str] = vt_distances.keys()
city_permutations: Iterable[Tuple[str, ...]] = permutations(vt_cities)
```

力任せで探索

これで都市の順列の全リストを生成できますが、それは巡回セールスマン問題を解く経路にはなりません。巡回セールスマン問題ではセールスマンが出発した都市に帰らないといけないことを思い出してください。リスト内包表記を使って順列の末尾に最初の都市を付け加えることが簡単にできます。

例 9-6　tsp.py 続き

```
tsp_paths: List[Tuple[str, ...]] = [c + (c[0],) for c in city_permutations]
```

生成した経路をテストする準備が整いました。力任せ探索方式は、労苦をいとわずリスト中の全経路を 2 都市間の距離表（vt_distances）を使い全距離を計算し比較します。最短経路とその全距離を出力します。

例 9-7　tsp.py 続き

```
if __name__ == "__main__":
    best_path: Tuple[str, ...]
    min_distance: int = 99999999999 # とても大きな数
    for path in tsp_paths:
```

```
    distance: int = 0
    last: str = path[0]
    for next in path[1:]:
        distance += vt_distances[last][next]
        last = next
    if distance < min_distance:
        min_distance = distance
        best_path = path
print(f"The shortest path is {best_path} in {min_distance} miles.")
```

　やっと、力任せでバーモント州の 5 都市を訪問する最短経路を求めました。出力は次の通りで、地図を**図 9-3** に示します。

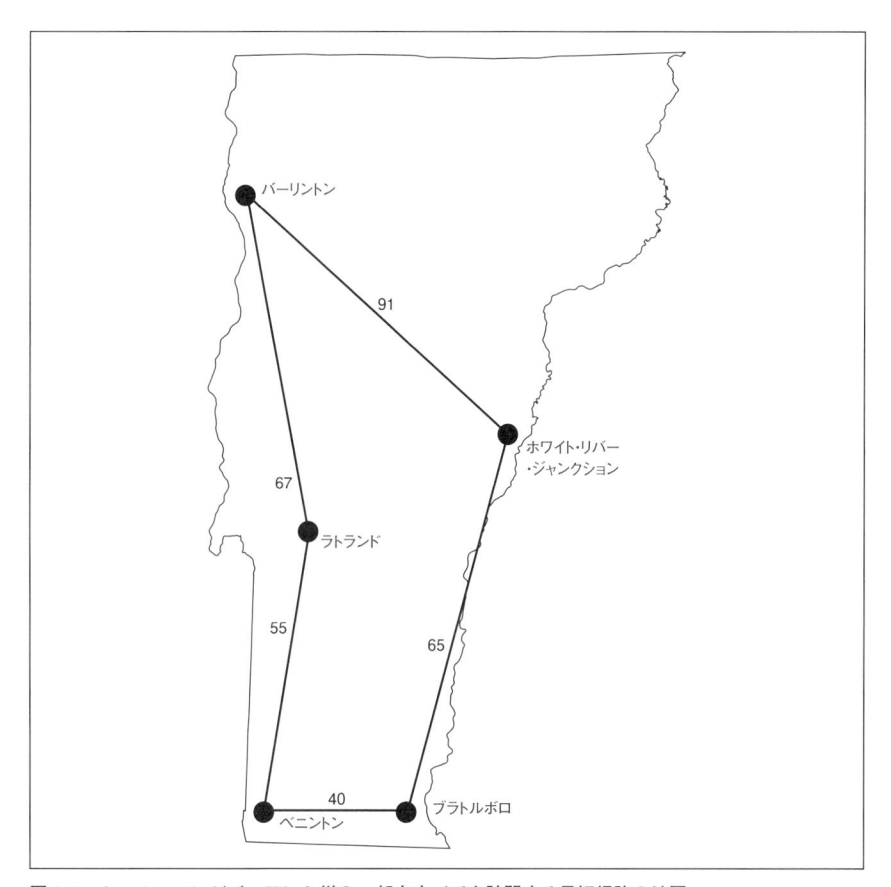

図 9-3　セールスマンがバーモント州の 5 都市すべてを訪問する最短経路の地図

```
The shortest path is ('Rutland', 'Burlington', 'White River Junction', 'Brattleboro',
'Bennington', 'Rutland') in 318 miles.
```

9.2.2　次のレベルに移行

　巡回セールスマン問題には簡単な答えがありません。この素朴な方式はすぐ行き詰まってしまいます。生成される順列の個数は、都市の数を n として n の階乗（$n!$）です。都市の数を1つ増やして6にすると、調べる経路の個数が6倍になります。さらに1つ加わると、さらに7倍です。この方式ではスケールしません。

　実世界で素朴方式が使われることはめったにありません。多数の都市を扱うアルゴリズムのほとんどは近似アルゴリズムです。ほぼ最適な解を求めようとします。ほぼ最適な解とは、最適解からのズレが小さな幅に収まる解（例えば、効率低下が5％以下）です。

　本書に登場した2つの技法が巨大データセットの巡回セールスマン問題に使われています。本章のナップサック問題に使われた動的計画法と、5章に出てきた遺伝的アルゴリズムです。専門誌には多数の都市の巡回セールスマン問題の準最適解を導いた遺伝的アルゴリズムについての論文が多数掲載されています。

9.3　電話番号記憶術　[問題34　電話番号記憶術]

　電話帳アプリが搭載されたスマートフォンが登場するまで、欧米の電話器には数字の下に文字が書かれていました。これらの文字は、電話番号を覚えやすいようにつけられていました[†]。米国では通常、1は文字なし、2はABC、3 - DEF、4 - GHJ、5 - JKL、6 - MNO、7 - PQRS、8 - TUV、9 - WXYZ、0文字なしとなっています。例えば、1-800-MY-APPLE は 1-800-69-27753 になります。たまに広告でこのような文字番号を見かけることがあるでしょう。この数字の文字は、現在のスマホアプリでも**図 9-4** に示すように健在です。

　電話番号を覚えやすい文字にするにはどうすればよいでしょうか。1990 年代にはシェアウェアでよく使われているものがありました。電話番号に可能な文字を割り振って辞書から対応する単語を探します。数字の組み合わせに対して単語として最も完全なものを示しました。本節ではこの問題の前半を扱います。辞書検索の部分は練

[†]　訳 注：https://jack8.at.webry.info/201203/article_3.html、英 文 で は https://en.wikipedia.org/wiki/Telephone_number、https://www.artlebedev.com/mandership/91/ など参照。

図 9-4 iOS の電話アプリではキーパッドに文字が残っている

習問題にします。

　直前の巡回セールスマン問題で順列生成を行いました。permutations() 関数を使いました。すでに述べたように、順列生成には多くの異なる方法があります。この問題では、既存の順列の位置を入れ替えて新たな順列を作るのではなく、最初から順列を作る方法を使います。電話番号の数字に対して可能な文字を対応させて、次々と追加していきます。これは、直積の一種で Python の標準ライブラリの itertools モジュールを使います。

　まず、数字と文字の対応表を定義します。

例 9-8　phone_number_mnemonics.py

```python
from typing import Dict, Tuple, Iterable, List
from itertools import product

phone_mapping: Dict[str, Tuple[str, ...]] = {"1": ("1",),
                                             "2": ("a", "b", "c"),
                                             "3": ("d", "e", "f"),
                                             "4": ("g", "h", "i"),
```

```
            "5": ("j", "k", "l"),
            "6": ("m", "n", "o"),
            "7": ("p", "q", "r", "s"),
            "8": ("t", "u", "v"),
            "9": ("w", "x", "y", "z"),
            "0": ("0",)}
```

次の関数は各数字に対する候補をすべて組み合わせて、電話番号に対して可能な文字列のリストを作ります。電話番号の各数字に対して可能な文字のタプルを作り、`itertools` の直積関数 product() を使って組み合わせます。letter_tuples のタプルにアンパック演算子（*）を使って product() への引数にしています。

例9-9 phone_number_mnemonics.py 続き

```python
def possible_mnemonics(phone_number: str) -> Iterable[Tuple[str, ...]]:
    letter_tuples: List[Tuple[str, ...]] = []
    for digit in phone_number:
        letter_tuples.append(phone_mapping.get(digit, (digit,)))
    return product(*letter_tuples)
```

電話番号に対して可能なすべての文字による読み替えができます。

例9-10 phone_number_mnemonics.py 続き

```python
if __name__ == "__main__":
    phone_number: str = input("Enter a phone number:")
    print("Here are the potential mnemonics:")
    for mnemonic in possible_mnemonics(phone_number):
        print("".join(mnemonic))
```

電話番号「1440787」が「1GH0STS」と書けることがわかりました。「1GH0STS」のほうが覚えやすいでしょう。

9.4　実世界での応用

ナップサック問題に使われた動的計画法は、計算不能に見える問題をより小さな問題に分割して、それらの解を組み合わせて問題全体を可解にするという点で広く使われている技法です。ナップサック問題そのものは、有限個のリソース（ナップサックの容量）を有限でも膨大な選択肢（盗む品物の集合）の中から割り当てるという他の最適化問題と関連します。大学でスポーツ関係の予算を配分することを考えましょう。

あらゆるチームに配分するだけの金額はなく、各チームにOB/OGからもらえる寄付の期待値があります。ナップサック問題のように予算配分を最適化することができます。このような問題は実世界にはあふれています。

　巡回セールスマン問題は、UPSやFedExのような配送業の企業で日常的に生じている問題です。配送業者は運転手が最短経路を取るよう望んでいます。運転が楽になるだけでなく、燃料費や保守費を削減するからです。私達も業務もしくは行楽で運転するときに、複数の場所を訪問するなら最適経路で燃料節約を考えます。しかし、巡回セールスマン問題は運転経路だけでなく、節点を1回だけ訪問するあらゆる経路問題で生じます。最小被覆木（4章）は隣接点を結ぶ配線量を最小化しますが、各家庭を巨大な円環状に結んだときの最小配線量はわかりません。巡回セールスマン問題なら、それを解くことができます。

　巡回セールスマン問題の素朴方式や電話番号記憶術問題で用いられたような順列生成技法は、あらゆる種類の力任せアルゴリズムに利用できます。短いパスワードを破るには、パスワードに含まれる可能性のある文字の全順列を生成します。大規模な順列生成に携わる人は、Heapのアルゴリズム[†]のような効率的な順列生成アルゴリズムを使います。

9.5　練習問題

1. 4章のグラフフレームワークを用いて巡回セールスマン問題の素朴な解法を再度プログラミングしなさい。
2. 巡回セールスマン問題を解く5章で学んだ遺伝的アルゴリズムを実装しなさい。本章のバーモント州の都市の簡単なデータセットを使いなさい。短時間で最適解に到達する遺伝的アルゴリズムができたでしょうか。それなら、都市の数を増やして問題を解いてみなさい。遺伝的アルゴリズムはどの程度に結果を出すでしょうか。ウェブを検索すれば巡回セールスマン問題用の巨大データセットが見つかります。そのメソッドの効率性をチェックするテストフレームワークを作りなさい。

[†]　原注：Robert Sedgewick「Permutation Generation Methods」（Princeton University）http://mng.bz/87T（訳注：Robert Sedgewick. Permutation Generation Methods. Computing Surveys, Vol 9, No 2, June 1977, 137-164、最新の研究はJie Gao, Dianjun Wang, Permutation Generation: Two New Permutation Algorithms, 2003（https://arxiv.org/abs/cs/0306025）など。https://ja.wikipedia.org/wiki/Heapのアルゴリズムも参照するとよい）。

3. 電話番号記憶術プログラムの辞書を用いて、辞書中の正しい単語を含んだ順列だけを返しなさい。

4. **表 9-1** を空にしたテーブルに knapsack() 関数で示したアルゴリズムを使い、同じ 3 要素で埋めていきなさい。そして、関数の末尾のアルゴリズムを使って表から正しい要素を読み戻しなさい。

付録 A
用語集

本書に出現する基本用語をこの付録で定義します。

CSV

テキスト交換形式の一種。データセットの改行で区切られた1行がカンマ区切りの値からなる。CSV は**カンマ区切り値**(comma-separated values)の略。スプレッドシートやデータベースのエクスポートフォーマットによく用いられる。[7章]

NP 困難(NP-hard)

多項式時間のアルゴリズムによる解が知られていないクラスに属する問題。[9章]

SIMD 命令(SIMD instructions)

ベクトル命令とも呼ばれ、ベクトルを使った計算用に最適化されたマイクロプロセッサ命令。SIMD は**単一命令複数データ**(single instruction, multiple data)の頭字語。[7章]

XOR

論理ビット演算で、一方が True でもう一方が False なら True を、両方が True または False なら False を返すもの。この略語は、**排他和**(exclusive or)による。Python では ^ 演算子が XOR になる。[1章]

z 値(z-score)

データポイントがデータセットから標準偏差でどのくらい乖離しているかの値。[6章]

圧縮（compression）
　　空間が少なくて済むようにしたデータの符号変換（表現方法や並べ方などの形式の変更）。[1章]

遺伝的プログラミング（genetic programming）
　　選択、交差、変異という演算を用いて自分自身を変更し、自明でないプログラミング問題の解を求めるプログラム作成技法。[5章]

解凍（decompression）
　　圧縮の反対で、データを元の形式に戻すこと。展開とも言う。[1章]

学習率（learning rate）
　　人工ニューラルネットワークで、デルタの計算に基づき重みを修正する比率を調整する値（通常は定数値）。

隠れ層（hidden layer）
　　フィードフォワード人工ニューラルネットワークにおいて、入力層と出力層の間の層。[7章]

活性化関数（activation function）
　　人工ニューラルネットワークでニューロンの出力を変換して、一般に非線形変換を扱えるように、または、出力値がある範囲内に収まるようにする関数。[7章]

木（tree）
　　どの2つの**節点**間にも1つの**経路**しかない**グラフ**。**木**は非輪状。[4章]

キュー（queue）
　　FIFO（先入先出）順を保持する抽象データ構造。キューの実装では、要素の追加と取り出し削除のために、少なくとも push 演算と pop 演算を用意しなければならない。[2章]

教師付き学習（supervised learning）
　　外部リソースを使って正しい結果になるように教えられたアルゴリズムによる機械学習技法。[7章]

教師なし学習（unsupervised learning）
　　結論に達する前提知識を使わない機械学習技法。言い換えると、外からのガイドがなく、自分自身で実行する。[6章]

クラスタ（cluster）
　　クラスタリング参照。[6章]

クラスタリング（clustering）
データセットを関係するデータポイントのグループ（クラスタ）に分割する**教師なし学習**技法。[6章]

グラフ（graph）
実世界の問題を連結した点の集合としてモデル化するのに使われる抽象的な数学的構造。点を**節点**、連結を**辺**という。[4章]

訓練（training）
与えられた入力に対する既知の正しい出力で**バックプロパゲーション**を使い重みを調整する**人工ニューラルネットワーク**の1フェーズ。[7章]

経路（path）
グラフの2**節点**を連結する**辺**集合。

交差（crossover）
遺伝的アルゴリズムにおいて、**母集団**に属する個体を組み合わせて親の遺伝子を持つ子孫を作ること。子孫は次の**世代**の構成員となる。[5章]

勾配降下法（gradient descent）
人工ニューラルネットワークの重みを**バックプロパゲーション**で計算したデルタと学習率を用いて修正する手法の1つ。[7章]

コドン（codon）
アミノ酸を指定するヌクレオチドの三つ組。[2章]

再帰関数（recursive function）
自分自身を呼び出す関数。[1章]

サイクル（cycle）
同じ**節点**を、バックトラックなしに2度訪問する**グラフ**の**経路**。閉路とも呼ばれる。[4章]

最小被覆木（minimum spanning tree）
全**節点**を**辺**の全体の重みが最小で連結する**被覆木**。[4章]

シグモイド関数（sigmoid function）
人工ニューラルネットワークによく使われる**活性化関数**の1つ。シグモイド関数は常に0から1の間の値を返す。ネットワークで線形変換に収まらない変換を表すこともできる。[7章]

自然選択（natural selection）
適応に成功した生物が栄え、適応に失敗した生物が衰退する進化プロセス。環境

において資源が有限である場合、資源利用が最も進んだ生物が生き延びて繁殖する。何世代か経過すると、有用な性質が集団に行き渡るようになるので、環境制約下において自然に選択されたことになる。[5章]

自動メモ化（auto-memoization）

プログラミング言語レベルで実装されている**メモ化**。副作用のない関数呼び出しの結果が格納され、同じ引数による関数呼び出しのときに参照する。[1章]

シナプス（synapse）

神経伝達物質が分泌されて電気信号を伝える**ニューロン**間の空隙。一般には、**ニューロン**間の連結を指す。[7章]

重心（centroid）

クラスタの中心の点。通常、この点の各次元での値はその次元での点の集まりの平均。[6章]

出力層（output layer）

フィードフォワード人工ニューラルネットワークの最終層で、与えられた入力と問題に対するネットワークの結果を決定するために使われる。[7章]

人工ニューラルネットワーク（artificial neural network）

伝統的なアルゴリズムで扱える形式に帰着できない問題を計算ツールを用いて解く、生物学的ニューラルネットワークのシミュレーション。**人工ニューラルネットワーク**の基本動作は、生物学的なものの基本動作とは大きく異なることに注意。

深層学習（deep learning）

普通は、ビッグデータを使った問題解決に使われる多層人工ニューラルネットワークの機械学習アルゴリズムを指す。広義には、ビッグデータ解析に用いられる高度な機械学習アルゴリズム全般を指す。[7章]

スタック（stack）

LIFO（後入先出）順を保持する抽象データ構造。スタックの実装では、要素の追加と取り出し削除のために、少なくとも push 演算と pop 演算を用意しなければならない。[2章]

正規化（normalization）

異なる種類のデータを比較可能にするプロセス。[6章]

制約（constraint）

制約充足問題を解くために満足させなければならない要件。[3章]

世代（generation）

遺伝的アルゴリズムの評価における 1 つの回。その時に活動している個体の**母集団**も指す。[5章]

節点（vertex）

グラフの 1 つの点。頂点とも呼ばれる。[4章]

染色体（chromosome）

遺伝的アルゴリズムでは**母集団**の中の各個体を**染色体**という。[5章]

選択（selection）

遺伝的アルゴリズムの**世代**における、次**世代**の個体を作るための個体選択プロセス。[5章]

ダイグラフ（digraph）

有向グラフ参照。[4章]

適格ヒューリスティック（admissible heuristic）

目標到達のコストを決して過大評価しない A* 探索アルゴリズムの**ヒューリスティック**。[2章]

適応度関数（fitness function）

問題の解（候補）の有効性を評価する関数。[5章]

手番（ply）

2 プレイヤーのゲームでプレイする番（打つ手とも考えられる）。[8章]

デルタ（delta）

ニューラルネットワークで、重みの期待値と実際の値との差異。期待値は、訓練データと**バックプロパゲーション**を用いて決定される。[7章]

動的計画法（dynamic programming）

動的計画法では、大きな問題をそのまま力任せで解かないで、より扱いやすい小さな部分問題に分割して解く。[9章]

貪欲アルゴリズム（greedy algorithm）

決定点において常にその場で最適と思われる選択をするアルゴリズム。全体最適な解が得られるとは限らないが、それを期待している。[4章]

ニューラルネットワーク（neural network）

多数の**ニューロン**がまとまって情報を処理するネットワーク。ニューロンは層状になっていると考えることが多い。[7章]

入力層（input layer）
　　外部のエンティティから入力を受け取るフィードフォワード人工ニューラルネットワークの第 1 層。［7章］

ニューロン（neuron）
　　人間の脳にあるような、1 つの神経細胞。［7章］

ヌクレオチド（nucleotide）
　　DNA を構成する 4 塩基、アデニン（A）、シトシン（C）、グアニン（G）、チミン（T）のうちの 1 つ。［2章］

排他和（exclusive or）
　　XOR 参照。［1章］

バックトラック（backtrack）
　　探索問題で行き止まりの後、前の決定点に（最前とは違う方向に進むために）戻ること。［3章］

バックプロパゲーション（backpropagation）
　　ニューラルネットワークの重みを入力と既知の正しい出力の集合に従って訓練する技法。偏微分を使って実際の結果と期待される結果との誤差への重みの影響を計算する。このデルタはその後の実行で重みを更新するのに使う。誤差逆伝播法とも言う。［7章］

ビット列（bit string）
　　メモリの 1 ビットで表される 1 と 0 のシーケンスを格納するデータ構造。ビットベクトル、ビット配列ともいう。［1章］

被覆木（spanning tree）
　　グラフの全**節点**を連結する**木**。［4章］

ヒューリスティック（heuristic）
　　そのときそのときで、なるべく正しい方向に進むことで近似解を求める、直感に基づく手法。［2章］

非輪状（acyclic）
　　サイクルがないグラフ。非サイクルとも言う。［4章］

フィードフォワード（feed-forward）
　　信号が一方向にだけ伝播するニューラルネットワークの種類。［7章］

辺（edge）
　　グラフの 2 **節点**（ノード）を直接連結するもの。［4章］

変異（mutation）

遺伝的アルゴリズムで、次の**世代**に含まれる前に性質がランダムに変化すること。[5章]

変数（variable）

制約充足問題の文脈では、変数は、問題解決の一部として解かねばならないパラメータ。変数の可能な値が**領域**。解の要件は**制約**。[3章]

母集団（population）

遺伝的アルゴリズムでは、**母集団**は問題を解決しようと競合する個体（それぞれが問題の解の候補）の集まり。人口とも呼ばれる。[5章]

無限再帰（infinite recursion）

停止しないで、次々と再帰呼び出しをする一連の再帰呼び出し。無限ループと似ている。通常、基底部の欠如により生じる。[1章]

無限ループ（infinite loop）

停止しないループ。[1章]

メモ化（memoization）

計算タスクの結果を後でメモリから取り出せるように格納して、同じ結果を再度計算する手間を省く技法。[1章]

有向グラフ（directed graph）

有向グラフは、**辺**の方向が片方だけのグラフ。ダイグラフとも言う。[4章]

優先度付きキュー（priority queue）

優先度順に要素を取り出すデータ構造。例えば、緊急呼び出しの優先度付きキューでは、一番優先度の高い呼び出しをまず受け付ける。[2章]

領域（domain）

制約充足問題の変数が取りうる値（の範囲）。[3章]

連結（connected）

任意の**節点**間に経路があるという**グラフ**の特性。[4章]

付録 B
参考文献

　この後はどうするのが良いでしょうか。本書では広範囲のトピックを取り上げました。この付録では、これらのトピックについてさらに役立つ参考文献を紹介します。

B.1　Python

　「はじめに」で述べたように、本書は読者が Python について一通りの知識があることを前提にしています。ここで紹介する 2 冊は、著者自身が使っていて、読者の Python のレベルを本格的なものにするのに役立つとお勧めするものです（3 冊目は訳者による追加）。どちらも Python の初心者向きではありませんが、Python の中級者は上級者になることができるでしょう（初心者には Naomi Ceder 『The Quick Python Book, 3rd Edition』Manning、2018（第 1 版の日本語訳は『空飛ぶ Python 即時開発指南書』翔泳社、2013）がお勧めです）。

『Fluent Python』
Luciano Ramalho、O'Reilly、2016（日本語訳『Fluent Python ── Pythonic な思考とコーディング手法』オライリー・ジャパン、2017）

- よく売れている Python 本の中で明らかに中級 / 上級者向き。
- 広範囲の上級 Python トピックスを扱う。
- ベストプラクティスを教えてくれる。Python らしいコードの書き方を説明する。
- あらゆるトピックスにコード例があり、Python 標準ライブラリで中身を詳

　　しく示す。

- くどい箇所もあるが、そこは簡単に飛ばし読みできる。

『Python Cookbook, Third Edition』
David Beazley and Brian K. Jones、O'Reilly、2013（第 2 版の日本語訳は『Python クックブック第 2 版』オライリー・ジャパン、2007）

- よく使われる日常的なプログラミングを例題中心で説明する。
- タスクの中には初心者の範囲を超えるものがある。
- Python 標準ライブラリを多用している。
- 5 年前の出版なので少し古い（最新標準ライブラリツールが含まれていない）が、もうすぐ第 4 版が出る。

［訳者追加の文献］
『Effective Python : 59 specific ways to write better Python』
Brett Slatkin、Addison-Wesley、2015（日本語版『Effective Python —— Python プログラムを改良する 59 項目』オライリー・ジャパン、2016）

- ベストプラクティス、ヒント、落とし穴の避け方や達人プログラマのコードなどを紹介し、効果的な優れた Python プログラムを書くノウハウをまとめている。
- 定評のある Effective シリーズのスタイルを踏襲し、上級者に的を絞っている。
- 次の Python 3.8 対応の第 2 版が 2019 年後半に出版予定。

B.2　アルゴリズムとデータ構造

　「はじめに」で「本書は、データ構造とアルゴリズムについての入門書ではありません。」と述べました。O 記法はほとんど使われず、数学的証明もありません。本書は、重要なプログラミング技法の実践的なチュートリアルなので、あわせて教科書を読むとよいでしょう。役に立つ技法がなぜ役に立つかを正式に証明し、リファレンスとしても役に立ちます。世の中にはオンラインの資料もありますが、学術関係者や出版社が入念にチェックした書物にも価値があります。

『Introduction to algorithms』
Thomas Cormen, Charles Leiserson, Ronald Rivest, Clifford Stein、MIT Press、2011（日本語訳『アルゴリズムイントロダクション第 3 版総合版』近代科学社、2013）

- コンピュータサイエンス分野で最もよく使われる教科書の 1 つで、著者の頭文字を取って CLRS と呼ばれることもある。
- 包括的でしっかりした内容。
- 他の教科書よりわかりにくいという意見もあるが、優れたリファレンス。
- ほとんどのアルゴリズムに擬似コードがある。
- 第 4 版を執筆中。この本は高価なので、出版されてから内容を確認する方が良い。

『Algorithms, fourth edition』
Robert Sedgewick and Kevin Wayne、Addison-Wesley、2011、https://algs4.cs.princeton.edu/home/

- アルゴリズムとデータ構造についてわかりやすくて包括的。
- 全アルゴリズムの例題が Java で書かれている。
- 大学のアルゴリズムの授業でよく使われている。

『The Algorithm Design Manual, 2nd edition』
Steven Skiena、Springer、2010（日本語訳『アルゴリズム設計マニュアル』（上下）丸善出版、2012）

- 他の教科書とはスタイルがまったく異なる。
- コードは少ないが、各アルゴリズムの適切な利用について丁寧に説明している。
- 広範囲のアルゴリズムについて「自分でやってみよう」的な説明がついている。

『Grokking Algorithms』
Aditya Bhargava、Manning、2016（日本語訳『なっとく！ アルゴリズム』翔泳社、2017）

- 基本アルゴリズムが学べる面白いマンガもありビジュアルを多用している。
- リファレンスにはならず、基本的なトピックスのいくつかを初めて学ぶ人向きの入門書。

[訳者追加の文献]
『Algorithms in a nutshell』
George T. Heineman, Gary Pollice, Stanley Selkow、O'Reilly、2016（日本語版『アルゴリズムクイックリファレンス第 2 版』オライリー・ジャパン、2016）

- 定評のある最新の話題も含めたアルゴリズムのリファレンス。
- 実践的側面を重視した、新しいタイプのアルゴリズム事典。どのアルゴリズムを使うべきか、どう実装するのか、さらに性能を向上させる方法はあるのかを解説している。
- 主要な 40 あまりのアルゴリズムを網羅し、C、C++、Java、Python での実装例を示す。
- 実行時間のデータを含めたところは他書にない特長。
- 巡回セールスマン問題については近似アルゴリズムを紹介している。

B.3　人工知能

　人工知能が世界を変えつつあります。本書では、A* 探索やミニマックスのような伝統的人工知能探索技法だけでなく、k 平均法やニューラルネットワークのような機械学習というエキサイティングな分野での技法も紹介しています。人工知能についてさらに学習することは、面白いだけでなく、次のコンピューティングの波に対する用意ができます。

『Artificial Intelligence: A Modern Approach, third edition』
Stuart Russell and Peter Norvig、Prentice Hall、2009、http://aima.cs.berkeley.edu（第 2 版の日本語訳は『エージェントアプローチ人工知能 第 2 版』

共立出版、2008）

- 大学の講義によく使われる定評のある教科書。
- 広範囲を扱う。
- ソースコードリポジトリがよくできている（本の擬似コードの実装版）。

『Artificial Intelligence in the 21st Century, second edition』
Stephen Lucci and Danny Kopec、Mercury Learning and Information、2015、
http://mng.bz/1N46

- Russell と Norvig の教科書よりも実際的でさまざまなことをしたい人向けのわかりやすい教科書。
- 実践者用の興味深いエピソードと実世界アプリケーション用の参考文献。

「Machine Learning」course（Stanford University）、
Andrew Ng、https://www.coursera.org/learn/machine-learning/

- 機械学習の多くの基本アルゴリズムを扱う無料のオンラインコース。
- 世界的に有名なエキスパートによる講義。
- 現場の技術者から素晴らしい出発点になると認められている。

B.4　関数型プログラミング

　Python は関数型スタイルでプログラミングできますが、完全に関数型プログラミング指向ではありません。Python で関数型プログラミングを行うことはできますが、純関数型言語で作業して、そこで学んだアイデアや経験を Python に活かすのも有用です。

『Structure and Interpretation of Computer Programs』
Harold Abelson and Gerald Jay Sussman with Julie Sussman、MIT Press、
1996、https://mitpress.mit.edu/sicp/（第 2 版の日本語版『計算機プログラムの構造と解釈第 2 版』翔泳社、2014）

- 大学のコンピュータサイエンス入門講座でよく使われる関数型プログラミン

グの入門書。

- 習得が容易な純関数型言語 Scheme を使う。

『Grokking Functional Programming』
Aslam Khan、Manning、2019、https://www.manning.com/books/grokking-functional-programming

- 図が豊富でやさしい関数型プログラミング入門。

『Functional Programming in Python』
David Mertz、O'Reilly、2015、https://www.oreilly.com/programming/free/files/functional-programming-python.pdf

- Python 標準ライブラリの関数型プログラミングユーティリティの基本を説明する。
- オンライン版は無料。
- 37 ページだけなので関数型プログラミングのすべての説明をするものではなく、取り掛かるためのもの。

B.5　本書で述べたオープンソースプロジェクト

　本書では、有用なサードパーティの Python ライブラリをいくつか紹介しました。これらのプロジェクトは、読者が自分で開発するよりもより機能が豊富なユーティリティを提供します。機械学習やビッグデータアプリケーションに本格的に取り組みには、これらのライブラリやそれに類するようなものを使いこなす必要があります。

NumPy（https://www.numpy.org/）

- Python のデファクト標準の数値計算ライブラリ。
- 性能のために主として C で実装されている。
- TensorFlow や scikit-learn を含めて多くの Python 機械学習ライブラリで使われている。

TensorFlow（https://www.tensorflow.org）

- 最もよく使われるニューラルネットワーク用の Python ライブラリの1つ。

pandas（https://pandas.pydata.org）

- Python でデータセットの取得と処理によく使われるライブラリ

scikit-learn（https://scikit-learn.org/stable/）

- 本書で紹介した機械学習アルゴリズムのテスト済みで機能強化したもの（およびそれ以外にも多数）を含んでいる。

付録 C
型ヒントの簡単な紹介

　Python の型ヒント（型アノテーション）は、PEP 484 および Python 3.5 版で正式に言語の一部として取り込まれました。それ以来、型ヒントは多くの Python コードベースでより一般的になり、言語としてサポートがより頑健になりました。この付録では手短かに、型ヒントについて、なぜ役に立つのか、課題は何かを説明し、より深く理解するためのリソースを紹介します。

> この付録はすべてを説明するものではなく簡単な紹介だけです。詳細はオフィシャルドキュメント https://docs.python.org/ja/3/library/typing.html 参照。

C.1　型ヒントとは何か

　型ヒントは、Python の変数、関数パラメータ、関数戻り値の期待される型についてのアノテーションです。言い換えると、プログラマがプログラムの中で型はこうなるはずだと示すための方法です。ほとんどの（現在の）Python プログラムは、型ヒントなしに書かれています。実際、本書を手に取るまで、たとえ、中級 Python プログラマであっても、読者は、これまで型ヒント付きの Python プログラムを読んだことがないのではないでしょうか。

　Python では、プログラマが変数の型を指定する必要がないので、型ヒントがないと、変数の型を知るにはインスペクション（文字通り、ソースコードをその時点まで読んで、実行して型を出力する）によるか、オフィシャルドキュメントによるかしかありませんでした。これは、Python のコードを読みにくくするので問題です（反対意見もあり、これについては後ほど取り上げます）。別の問題は、Python が高度な柔軟性

を持つので、プログラマが同じ変数を複数の型に用い、エラーを引き起こすことです。型ヒントは、この種のプログラミングスタイルを防止して、エラーを減らします。

　Python には現在では型ヒントがあるので、必要なら型アノテーションが使えるという意味で「漸進的型付け」言語と呼ぶことができます。この紹介文で、型ヒントがあるのは良いことだと（言語の外見が変わるので抵抗感があるかもしれませんが）読者が納得することを期待しています。コードを書く上で利用できる優れた道具なのです。

C.2　型ヒントはどのようなものか

　型ヒントは変数や関数が定義される行に追加されます。コロン（:）を使って変数や関数パラメータの型ヒントの開始を示します。関数の戻り値の型ヒントの開始は矢印（->）で示します。例えば、次の行を考えましょう。

```
def repeat(item, times):
```

　関数定義を読まないで、関数が何をするかわかりますか。文字列を何回か出力するのでしょうか。他のことをするのでしょうか。もちろん、関数定義を読めば何をしているかわかりますが、それには時間がかかります。この関数の著者も不幸なことに説明する手立てがありませんでした。型ヒントをやってみましょう。

```
def repeat(item: Any, times: int) -> List[Any]:
```

　これでより明確になります。型ヒントを見ましょう。Any 型の item を引数に取り、times 個数の item の List を返すことがわかります。もちろん、ドキュメントがあればもっとわかりやすくなりますが、少なくともこれでユーザには引数の型と戻り値の型が何かがわかります。

　この関数のライブラリが浮動小数点数だけを取り、結果を他の関数が使えるリストで返すことになったとしましょう。その場合は、型ヒントを次のように変更して浮動小数点数制約を表します。

```
def repeat(item: float, times: int) -> List[float]:
```

　今度は item が float で、float の List が必ず返されることが明らかです。「必ず」という言葉は強いものです。Python 3.7 の型ヒントは Python 実行に影響しません。本当に、「必ず」そうなるというよりは「ヒント」でしかありません。実行時、

Python プログラムは型ヒントやその制約をまったく無視します。ただし、型チェッカーツールは開発時にプログラムの型を評価して、不適切な関数呼び出しがあればプログラマに通知できます。よって、呼び出し repeat("hello", 30) は、(hello が float でないため) エラーを実行前に捕らえます。

次に、変数宣言の型ヒントを検討しましょう。

```
myStrs: List[str] = repeat(4.2, 2)
```

この型ヒントにはおかしな点があります。myStrs が文字列のリストだと言っています。しかし、先程の型ヒントからは repeat() が float のリストを返します。Python 3.7 は型ヒントの正当性検証をしませんが、型チェッカーがこのプログラマの間違いを捕捉して危機を回避します。

C.3 なぜ型ヒントが役立つか

型ヒントがどんなものかわかったと思いますが、これだけ手間をかけて本当に役立つか疑問があるかもしれません。結局、型ヒントが Python の実行時には無視されることも知りました。Python インタープリタが処理しないのに、コードにアノテーションを追加する時間と手間をどうして掛けるのでしょうか。すでに述べたように、型ヒントが役立つのは次の 2 点、コードの自己文書化と、実行前に型チェッカーがプログラムの正当性を検証できることです。

静的型付けのある (Java や Haskell のような) ほとんどのプログラミング言語では、型宣言によって関数 (またはメソッド) のパラメータと戻り値が何かを明らかにします。これにより、プログラマの文書化作業が少し楽になります。例えば、次の Java メソッドではパラメータの戻り値の型を別途文書化する必要はありません。

(ソフトウェアが) 世界を食う、ゴミとして生成したお金を返しながら
```
/* Eats the world, returning the amount of money generated as refuse. */
public float eatWorld(World w, Software s) { … }
```

対照的に、伝統的な型ヒントのない Python で書いた等価なメソッドでは、次のようなドキュメントが必要です。

```
# Eat the world              (ソフトウェアが) 世界を食う
# Parameters:                引数
# w - the World to eat       食う世界
```

```
# s - the Software to eat the World with      世界を食うソフトウェア
# Returns:                                    戻り値
# The amount of money generated by eating the world as a float ⑥
def eat_world(w, s):                          世界を食って生成したお金、float 型
```

コードの自己文書化で型ヒントは、Python ドキュメントを静的型付け言語と同様のレベルに引き上げます。

（ソフトウェアが）世界を食う、ゴミとして生成したお金を返しながら
```
# Eat the world, returning the amount of money generated as refuse.
def eat_world(w: World, s: Software) -> float:
```

極端な場合を考えましょう。コメントがまったくないコードベースを引き継いだとします。コメントがないコードベースでは、型ヒントがあるのとないのとで、わかりやすさが違うでしょうか。型ヒントは、コメントがないコードベースで、関数のパラメータに渡される型と戻り値を実際にコードを調べて理解する手間を省きます。

型ヒントが本質的に、ある時点でプログラムの型がどうなっているかを述べていることを思い出してください。型チェッカーは、型ヒントつきの Python ファイルを調べて、プログラム実行でそれらが正しいかどうかチェックできます。

Python の型ヒントについては、複数の型チェッカーがあります。例えば、よく使われる Python IDE の PyCharm には型チェッカーが組み込まれています。PyCharm で型ヒント付きのプログラムを編集すれば、型エラーがあると自動的に指摘してくれます。これは関数を書き上げる前に誤りを見つけてくれます。

本書執筆時に、最も進んだ Python の型チェッカーは mypy です。mypy プロジェクトは、元々 Python の開発者 Guido van Rossum が推進しています。これで、型ヒントが Python の将来に重要な役割を果たすという確信が得られたでしょうか。mypy をインストールすると、型チェックしたいファイルを example.py として、mypy example.py と入力するだけでチェックできます。mypy はコンソールにプログラム中の型エラーを出力し、エラーがなければ何も出力しません。

将来には、型ヒントが役立つ他の場面もあるでしょう。現時点では、型ヒントは Python プログラムの実行性能に何の影響もありません（繰り返しになりますが、実行時には無視されます）。しかし、Python の将来のバージョンでは、型ヒントの型情報を用いて最適化が行われる可能性があります。そのような場合には、型ヒントの追加だけで Python プログラムの実行が速くなります。これはもちろん、ただの憶測です。Python の型ヒントに基づく最適化の計画について私は何も知りません。

C.4　型ヒントの問題点は何か

型ヒントを使う場合に問題点が3つあります。

- 型ヒントのあるコードを書くのは型ヒントなしの場合よりも時間がかかる。
- 型ヒントが場合によるとコードを読みにくくするという意見がある。
- 型ヒントはまだ完全ではなく、Pythonの現在の実装による型制約の実装は、ユーザを混乱させることがある。

型ヒントのあるコードを書くのに時間が余分にかかるのには2つの理由があります。入力の手間が多い（文字通り、キーボード上でキーを叩く回数が多い）のと、コードについてより考える必要があるからです。コードについてより考えることは、ほとんど常に良いことです。余分に考えると開発ペースは落ちます。しかし、その時間は、プログラム実行前に型チェッカーがエラーを見つけてくれることで埋め合わせができます。複雑なコードベースの場合、型チェッカーでわかるエラーを、それなしにデバッグする時間はプログラム作成時に型について考える時間よりはるかに多いはずです。

型ヒント付きのPythonコードが型ヒントなしのPythonコードより読みにくいという人もいます。その理由は、おそらくは慣れていないことと、情報が多すぎると感じることの2つの理由によるものでしょう。なじみのない構文は何であれ読みにくいと感じるものです。型ヒントは実際にPythonプログラムの外見を変え、最初はなじみがないように感じます。これは、Pythonコードの型ヒントをより多く読み書きすることによって解消できます。2番目の情報が多すぎるという問題は、より根本的な問題です。Pythonは、簡潔な構文という名声を博しています。他のプログラミング言語で同じプログラムを書いた場合と比べると、Pythonのプログラムの方が簡潔であることが多いのです。型ヒントを付けたPythonコードは以前よりも簡潔さを失います。それは、プログラムを目で追いかける時間が短くて済むかどうかだけではありません。より多くのことが含まれています。トレードオフを考えねばならないのは、コードの理解が、たとえ最初に読んだときに時間がより多くかかったとしても、その後に読むときに理解しやすいところです。型ヒントがあると、期待される型のすべてがわかります。従来のコード全体を読んで型のことを理解したり、別途ドキュメントを読むよりも簡単です。

最後に、型ヒントはまだ流動的です。Python 3.5で最初に導入されたときよりも確かに良くなりましたが、いまだに型ヒントがうまくいかない難しい場合が残ってい

ます。2 章にその例があります。Protocol 型は、通常は型体系の重要な部分ですが、Python 標準ライブラリの typing モジュールにはまだ含まれてはいません。よって、2 章ではサードパーティの typing_extensions モジュールをインポートする必要がありました。Python 標準ライブラリの将来のバージョンには Protocol を含めるという計画がありますが、それが現在の版に含まれていないという事実が Python における型ヒントが十分に成熟していないことの証になっています。本書の執筆において、私は、標準ライブラリで利用可能な基本機能や関数だけでは解けない難しい問題に直面してきました。型ヒントは Python において必須ではないので、現段階では、型ヒントが役立たない場合は無視して問題ありません。このような未完成の状態でも、型ヒントを使うことで何がしかの利益が得られるはずです。

C.5　さらに学ぶために

　本書のどの章にも型ヒントの例がありますが、型ヒントを使うためのチュートリアルではありません。型ヒントについて学ぶ出発点は、typing モジュールの Python オフィシャルドキュメント（https://docs.python.org/ja/3/library/typing.html）です。この文書は、利用可能なさまざまな組み込み型すべてを説明しているだけでなく、この簡単な紹介では扱えなかった高度なシナリオで、どのように使えばよいかも説明しています。

　型ヒントについて調べるもう 1 つの情報源は、mypy プロジェクト（http://mypy-lang.org）です。mypy は最も進んだ Python 型チェッカーです。言い換えると、mypy は型ヒントを検証するために使うソフトウェアです。インストールして使うだけでなく、mypy のドキュメント（https://mypy.readthedocs.io/）にも目を通すべきです。標準ライブラリのドキュメントでは説明されていないシナリオで型ヒントをどう使うかの説明を含めて、内容が豊富です。例えば、難しい分野にジェネリックの扱いがあります。mypy のジェネリックのドキュメントは、この問題の出発点として優れています。別の便利な情報が、https://mypy.readthedocs.io/en/stable/cheat_sheet_py3.html にある「型ヒントチートシート」です。

訳者あとがき

　本書の翻訳を引き受けたのは、Marius Bancila『Modern C++ チャレンジ——C++17 プログラミング力を鍛える 100 問』（オライリー・ジャパン、2019）の校正が始まった頃でした。プログラマの採用試験でプログラミング課題が出されるという最近の傾向とも関係すると思いますが、プログラミングの学習にプログラミング問題を使うのは、MIT のテキストを基に書かれた Srini Devadas『問題解決の Python プログラミング—— 数学パズルで鍛えるアルゴリズム的思考』（オライリー・ジャパン、2018）も含め実は伝統的な方法です。

　本書については「コンピュータサイエンスのクラシックな問題」という原題名にひかれました。もう 1 つ興味を持ったのは、著者の「日本語版まえがき」にもあるように、いくつかのプログラミング言語で同じ問題を扱うというシリーズの一冊だということでした。特に、最初が Swift だというのにも興味が湧きました。シリーズ本の良さは、共通部分が洗練されることで、例えば誤植が少なくなります。

　さて実際に手に取ってどうだったかというと、アルゴリズムと問題解決技法とプログラミングを 3 つ足して、コンパクトな紙面に収めたという印象です。問題の数は 33 問で、『問題解決の Python プログラミング』の 22 問よりは多いのですが、『Modern C++ チャレンジ』の 100 問には遠く及びません。「5 章　遺伝的アルゴリズム」、「6 章　k 平均クラスタリング」、「7 章　簡単なニューラルネットワーク」、「8 章　敵対探索」など、普通のプログラミングの本ではあまり扱われていない、以前からある問題という意味ではクラシック（古典的）ですが、ビッグデータや AI など最近注目を集めている技法に関係するものと、「2 章　探索問題」、「3 章　制約充足問題」、「4 章　グラフ問題」というアルゴリズムに関係するもの、そして、1 章でさまざまに論じられる再帰処理（メモ化を含む）、本書全体にわたって使われる（Python 3.7

以降の）型ヒント、3章で登場するフレームワークといったプログラミング技法という構成に感心しました。

ただし、「はじめに」にもある通り、Python の入門書でも、Python プログラミング技法そのものの本ではありません。技法そのものについては、付録 B.1 の参考文献が役立ちます。もっとも、型ヒントは、ごく最近の機能なので、まともに取り扱っているのは本書が初めてでしょう。

同様に、アルゴリズムすべてを取り扱っているわけではありません。探索、制約充足あるいはグラフのアルゴリズムについても、付録 B.2 の参考文献の方がリファレンスとしては役立ちます。

5章から8章の内容についても、包括的でより深い内容はそれぞれの専門書、AI プログラミングやデータサイエンスの本（例えば、Peter Bruce & Andrew Bruce 『データサイエンスのための統計学入門 —— 予測、分類、統計モデリング、統計的機械学習と R プログラミング』、オライリー・ジャパン、2018）の方が詳しいのです。しかし、このような話題を取りまとめて扱った本というと他にありません。

つまり、本書は、コンピュータサイエンスの現時点で必要と思われる分野について基本的なプログラミング技法をまとめたものだと言えるでしょう。その意味では、本書で取り上げている型ヒントも静的プログラム検証という文脈で捉えるべきかもしれません。

本書中のコード例について3つ注意していただきたいことがあります。①著者も本文中で述べていますが、Python のコーディング規約にある横幅79文字以内に従っていませんので、本書では横に長いコードが折り返されて印刷されています。読者はPython 中級者以上と想定していますので問題ないと思いますが、そのまま改行してタイプ入力すると当然構文エラーになります。②1章例 1-8、例 1-9、7章例 7-8、例 7-12、9章例 9-6 で組み込み関数と同じ名前の変数名を使っていますが、これは避けるべきです。組み込み関数と同じ名前の変数名を定義すると組み込み関数が上書きされてしまい、思わぬバグの原因となりかねません。「Zen of Python」（PEP 20）の "Explicit is better than implicit." や "Readability counts." 参照。③3章例 3-4、4章例 4-2、例 4-7、8章例 8-3 では、デフォルト引数に変更可能なオブジェクト（ミュータブルなオブジェクト）を使っていますが、これも避けるべきです。このような場合の注意点は『Effective Python —— Python プログラムを改良する 59 項目』の「項目 20：動的なデフォルト引数を指定するときには None とドキュメンテーション文字列を使う」を参照。

　著者の参考文献リストには掲載されていませんでしたが、『問題解決の Python プログラミング』は、もう少し伝統的なプログラミング技法を扱っています。ハノイの塔や 8 クイーン問題など、本書とはまた違った角度でプログラミングしていますので、読者には大いに参考になると思います。「**3.8　練習問題**」にある数独も伝統的な手法でプログラミングされています。

　第 9 章の Robert Sedgewick の絶版になった『Algorithms, 2nd Edition』の訳書については、近代科学社小山透 前社長にご教示いただきました。質問に丁寧に答えてくれた原著者の David Kopec さん、編集担当の赤池さん、草稿をチェックしてくれた黒川洋さん、藤村行俊さん、大岩尚宏さん、鈴木駿さん、朝倉卓人さん、そしていつものことですが妻の容子にも感謝します。

索　引

● 著者紹介

David Kopec（デイビッド・コペック）

米国バーモント州バーリントンにあるチャンプレインカレッジのコンピュータサイエンス＆イノベーション学科の助教。経験豊富なソフトウェア開発者であり、『Classic Computer Science Problems in Swift』（Manning, 2018）および『Dart for Absolute Beginners』（Apress, 2014）の著者。ダートマス大学の経済学部卒業、コンピュータサイエンス修士課程修了。連絡先：Twitter @davekopec

● 訳者紹介

黒川 利明（くろかわ としあき）

1972 年、東京大学教養学部基礎科学科卒。東芝㈱、新世代コンピュータ技術開発機構、日本 IBM、㈱ CSK（現 SCSK ㈱）、金沢工業大学を経て、2013 年よりデザイン思考教育研究所主宰。

過去に文部科学省科学技術政策研究所客員研究官として、ICT 人材育成やビッグデータ、クラウド・コンピューティングに関わり、現在情報規格調査会 SC22 C#、CLI、スクリプト系言語 SG 主査として、C#、CLI、ECMAScript、JSON などの JIS 作成、標準化に携わっている。他に、IEEE SOFTWARE Advisory Board メンバー、日本規格協会規格開発エキスパート、標準化アドバイザー、町田市介護予防サポーター、次世代サポーター、カルノ㈱データサイエンティスト、ICES 創立メンバー、画像電子学会国際標準化教育研究会委員長として、データサイエンティスト教育、デザイン思考教育、標準化人材育成、地域学習支援活動などに関わる。著書に、『Service Design and Delivery —— How Design Thinking Can Innovate Business and Add Value to Society』（Business Expert Press）、『クラウド技術とクラウドインフラ —— 黎明期から今後の発展へ』（共立出版）、『情報システム学入門』（牧野書店）、『ソフトウェア入門』（岩波書店）、『渕一博 —— その人とコンピュータ・サイエンス』（近代科学社）など。訳書に『Python による Web スクレイピング第 2 版』、『Modern C++ チャレンジ』、『問題解決の Python プログラミング —— 数学パズルで鍛えるアルゴリズム的思考』、『データサイエンスのための統計学入門 —— 予測、分類、統計モデリング、統計的機械学習と R プログラミング』、『R ではじめるデータサイエンス』、『Effective Debugging』、『Optimized C++ —— 最適化、高速化のためのプログラミングテクニック』、『C クイックリファレンス第 2 版』、『Python からはじめる数学入門』、『Effective Python—Python プログラ

ムを改良する 59 項目』、『Think Bayes —— プログラマのためのベイズ統計入門』
（オライリー・ジャパン）、『pandas クックブック —— Python によるデータ処理の
レシピ』（朝倉書店）、『メタ・マス！』（白揚社）、『セクシーな数学』（岩波書店）、
『コンピュータは考える［人工知能の歴史と展望］』（培風館）など。共訳書に『ア
ルゴリズムクイックリファレンス第 2 版』、『Think Stats 第 2 版 —— プログラマの
ための統計入門』、『統計クイックリファレンス第 2 版』、『入門データ構造とアル
ゴリズム』、『プログラミング C# 第 7 版』（オライリー・ジャパン）、『情報検索の
基礎』、『Google PageRank の数理』（共立出版）など。

● 査読協力者紹介
黒川 洋（くろかわ ひろし）
東京大学工学部卒業。同大学院修士課程修了。日本アイ・ビー・エム（株）ソフ
トウェア開発研究所を経て、現在は株式会社ミクシィに勤務。共訳書に『Google
PageRank の数理』（共立出版）、『Think Stats 第 2 版 —— プログラマのための統
計入門』、『アルゴリズムパズル —— プログラマのための数学パズル入門』（オライ
リー・ジャパン）など。

鈴木 駿（すずき はやお）
平成元年生まれの Python プログラマ。
神奈川県立横須賀高等学校卒業、電気通信大学電気通信学部情報通信工学科卒業、
同大学院情報理工学研究科総合情報学専攻博士前期課程修了。修士（工学）。
Python とは大学院の研究においてオープンソースの数学ソフトウェアである
SageMath を通じて出会った。
現在は株式会社アイリッジにて Python でプログラムを書いて生活している。
Twitter：@CardinalXaro　　Blog：https://xaro.hatenablog.jp/

大岩 尚宏（おおいわ なおひろ）
サイバートラスト株式会社所属のソフトウェアエンジニア。
共著書に『Debug Hacks』、『Linux カーネル Hacks』、共訳書に『デバッグの理論
と実践』、技術監修に『HTML5 Hacks』、『Effective Debugging』（以上すべてオ
ライリー・ジャパン）がある。

朝倉 卓人（あさくら たくと）

1995 年生まれ。東京大学理学部生物情報科学科卒。現在は総合研究大学院大学複合科学研究科情報学専攻（国立情報学研究所）の 5 年一貫博士課程に在籍し、自然言語処理の研究に取り組む。TeX 好きで、LaTeX パッケージや Texdoc の開発が趣味。TeX Live チームメンバー、TeX Users Group 会員。@wtsnjp

藤村 行俊（ふじむら ゆきとし）

Python 計算機科学新教本
── 新定番問題を解決する探索アルゴリズム、k平均法、ニューラルネットワーク

2019 年 6 月 25 日　　初版第 1 刷発行

著　　　　者	David Kopec（デイビッド・コペック）
訳　　　　者	黒川 利明（くろかわ としあき）
発　行　人	ティム・オライリー
制　　　作	有限会社はるにれ
印　刷 ・製 本	日経印刷株式会社
発　行　所	株式会社オライリー・ジャパン

〒 160-0002　東京都新宿区四谷坂町 12 番 22 号
Tel　（03）3356-5227
Fax　（03）3356-5263
電子メール　japan@oreilly.co.jp

発　売　元　　株式会社**オーム**社
〒 101-8460　東京都千代田区神田錦町 3-1
Tel　（03）3233-0641（代表）
Fax　（03）3233-3440

Printed in Japan（ISBN978-4-87311-881-9）
乱丁、落丁の際はお取り替えいたします。